iPad

マスターブック 2024－2025

iPadOS 17対応

小山香織 ［著］

マイナビ

はじめに

本書をお手に取ってくださって、ありがとうございます。

本書は、2023年1月に発行した『iPadマスターブック2023』をベースに、すべての内容を最新情報に改訂したものです。
本書では一部を除き、2022年に発売されたiPad（第10世代）Wi-Fi ＋ Cellularモデルの図を掲載しています。また一部を除き、iPadを横向きに持った時の画面を掲載しています。縦向きに持つと画面が変わりますが、操作は同様です。

iPadで動作しているOS（基本ソフトウェア）をiPadOSと言います。毎年秋に大規模なアップデートがAppleから公開されるのが恒例で、2023年9月にiPadOS 17が登場しました。

各見開きの見出しの下にあるアイコンは、2024年1月現在の現行モデルに対応しています。

Pro … 12.9インチiPad Pro（第6世代）、11インチiPad Pro（第4世代）
Air … iPad Air（第5世代）
iPad … iPad（第9世代、第10世代）
mini … iPad mini（第6世代）

これ以外のiPadでも、iPadOS 17が動作していれば使い方は同じです。ただしモデル、iPadOS 17の小規模なバージョンの違い（17.1か17.2か、など）、設定により、機能や画面が一部異なります。本書は、iPadOS 17.3と、2024年1月下旬の時点で公開されているアプリを使用して、動作や画面を確認し制作しました。

iPadは、スマートフォンのような手軽さや直感的な操作に加えて、大きくて使いやすい画面や高音質のスピーカーなど多くの魅力を備えたデバイスです。iPadを活用して生活がもっと便利に、楽しく、豊かになるよう、本書をお役立てくだされば幸いです。

2024年2月
小山香織

Contents iPadマスターブック 2024–2025

Chapter 4　iPad の設定をする　初期設定後の設定は、ほとんどが「設定」から

Chapter 5　Safari、メール、メッセージを使う　広く使われているアプリをマスター

Chapter 6　写真やビデオを楽しむ　美しい写真や動画を撮り、編集して楽しむ

Chapter 1

iPadの基本

これからiPadを使っていくために、まずは各部の名称と役割、電源のオン／オフ、ロック／ロック解除、画面に触れて操作する方法とその名前を知っておきましょう。購入して初めて使う際の設定方法も、この章で解説します。

Chapter 1 ［本体の操作］
iPad本体の基本操作

iPadにはホームボタンのあるモデルとないモデルがあります。ホームボタンの有無により操作も一部異なります。電源のオン／オフと、ロック／ロック解除の操作を解説します。

▶ iPadの各部の名称と役割

ホームボタンのあるiPad ※モデルにより一部違いがあります

上部

3.5mmステレオヘッドフォンミニジャック
ヘッドフォンを差し込みます。一般的なほとんどのヘッドフォンを利用できます

トップボタン
iPadの電源を切る、または入れる時や、ロックしてスリープ状態にする時に利用します

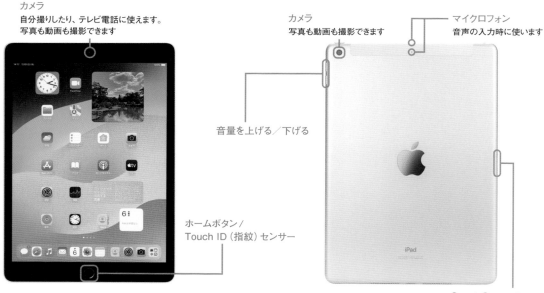

カメラ
自分撮りしたり、テレビ電話に使えます。写真も動画も撮影できます

カメラ
写真も動画も撮影できます

マイクロフォン
音声の入力時に使います

音量を上げる／下げる

ホームボタン／
Touch ID（指紋）センサー

Smart Connector
（一部のモデル）
AppleのSmart Keyboardなどを接続するためのインターフェイスです

下部

Lightningコネクタ
付属のUSBケーブルを使って電源アダプタやパソコンと接続します

スピーカー
音楽やカメラのシャッター音、メールの着信音などがここから流れます

ホームボタンのないiPad ※モデルにより一部違いがあります

上部

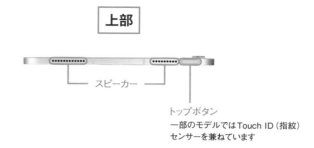

スピーカー

トップボタン
一部のモデルではTouch ID（指紋）
センサーを兼ねています

カメラ

マイクロフォン

音量を
上げる／下げる

カメラ
自分撮りやテレビ電話
のほか、iPad Proでは
Face ID（顔認証）にも
使用します

Smart Connector

マイクロフォン

下部

スピーカー

USB-Cコネクタ
付属のUSBケーブルを使って電源アダプタやパソコンと接続します。
外付けのディスプレイを接続して映像を出力することもできます

▶ iPadの電源を入れる／切る

1 電源のオン／オフ

iPadの電源を入れるには、トップボタンをAppleロゴが表示されるまで押し続けます。電源を切るには、ホームボタンのあるiPadではトップボタンを、ホームボタンのないiPadではトップボタンと音量を上げるまたは下げるボタンを同時に、[スライドで電源オフ]と表示されるまで長く押し❶、表示されたボタンを右へスライドします❷。

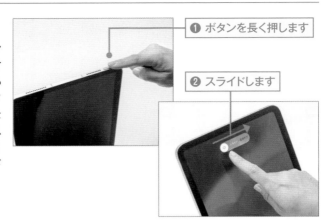

❶ ボタンを長く押します

❷ スライドします

▶ iPadのロック／ロック解除をする

1 ロックする

iPadを使わない時はトップボタンを押して❶、ロック（スリープ）状態にします❷。バッテリーを節約でき、ほかの人に不用意に使われることも防げます。いちいち電源を切る必要はありません。

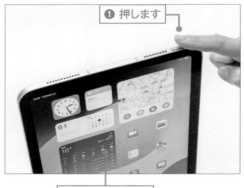

❶ 押します

❷ ロックされます

2 ロック画面を表示する

スリープを解除してロック画面を表示するには、トップボタンかホームボタンを押します❸。またはホームボタンのないiPadでは画面をタップ（指先で軽く叩く）します❹。ロック画面で、スリープ中に届いた通知を確認できます。

❸ トップボタンを押すか

❹ 画面をタップします

3 顔でロック解除する

iPad Proで顔を登録してあれば、画面に顔を向けると❺、ロックが解除されます❻。画面のいちばん下から上方向にスワイプ（指先を当てたまま上へ動かす）します❼。

❺ 画面に顔を向けます

❻ ロックが解除されます

❼ スワイプします

4 指紋でロック解除する

一部のモデルではトップボタンがTouch ID（指紋）センサーを兼ねているため、指紋を登録してあれば、トップボタンを押してスリープを解除し、そのまま触れているとロックが解除されます❽。ホームボタンのあるiPadで指紋を登録してあれば、その指先でホームボタンに触れます。画面上部に[ロック解除]と表示されたら、ホームボタンを押します。

❽ ボタンを押してスリープ解除し、そのまま触れているとロックが解除されます

5 パスコードで解除する

顔や指紋を登録していない場合は、ホームボタンのあるiPadではホームボタンを押します。ホームボタンのないiPadでは画面のいちばん下から上方向にスワイプします❾。するとパスコードを入力する画面になるので、入力してロック解除します❿。顔や指紋の認証を数回試行して認識されない場合も、パスコードを入力する画面になります。

 **パスコードも
設定していない場合**

パスコードも設定していない場合は、パスコード入力の画面は表示されず、すぐに使える状態になります。

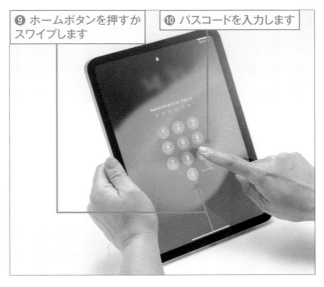

❾ ホームボタンを押すかスワイプします

❿ パスコードを入力します

Chapter 1 ［セットアップ］

iPadをセットアップするには

iPadを購入して初めて電源を入れると、設定アシスタントが自動で始まります。1ステップずつ設定していきましょう。

基本 ●━━┿━━┿━━┿━━┿ 応用

趣味 ┿━━┿━━┿━━┿━● 実用

▶ 設定を始める

1 iPadを起動し、言語を選択する

トップボタンを長く押して電源を入れます❶。「こんにちは」の画面が表示されたら、ホームボタンのあるiPadではホームボタンを押します❷。ホームボタンのないiPadでは画面のいちばん下から上へスワイプします❸。次の画面で、このiPadで使う言語を選択します。本書では［日本語］をタップします❹。

> **Point** すぐにクイックスタートを始められる
>
> この時点で近くにあるほかのiPhoneやiPadが起動している場合、そちらのデバイスに自動で表示される画面からクイックスタートを始めることができます。詳しくは次ページの手順4と19ページを参照してください。

❶ 長く押して電源を入れます

❷ ホームボタンを押します

❸ またはスワイプします

❹ 次の画面で、［日本語］をタップします

2 国または地域を選択する

このiPadを使う国または地域を選択します。本書では［日本］をタップします❺。または、指先で下から上へなでるように動かしてリストの下の方へスクロール（移動）し、国または地域を見つけてタップします❻。

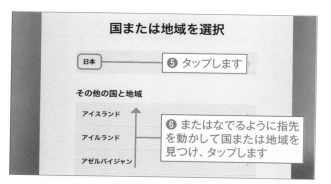

国または地域を選択

日本 ━━ ❺ タップします

その他の国と地域

アイスランド
アイルランド
アゼルバイジャン

❻ またはなでるように指先を動かして国または地域を見つけ、タップします

3 文字とアイコンの表示を設定する

[デフォルト] [中] [大] のいずれかをタップして、文字とアイコンの表示の大きさを設定します❼。その後、[続ける] をタップします❽。

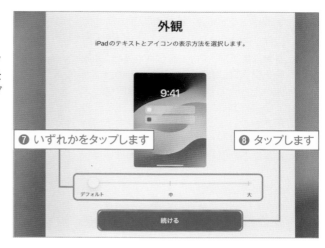

❼ いずれかをタップします ❽ タップします

4 クイックスタートの画面になる

ほかのデバイスから設定を移すことができますが、ここでは [もう一方のデバイスなしで設定] をタップします❾。移す場合の手順は19ページを参照してください。

❾ タップします

▶ 手動で設定する

1 入力の設定をする

最初の言語と地域の選択に基づいて一般的な設定が自動で選ばれています。通常は [続ける] をタップして先に進んで差し支えないでしょう❶。[設定をカスタマイズする] をタップして言語、キーボード、音声入力を1つずつ設定することもできます。

❶ タップします

2 Wi-Fiを設定する

Wi-Fi（無線LAN）のネットワーク名（アクセスポイント名）が表示されたら、接続先をタップします❷。パスワードの画面が開いたら入力して、[接続]をタップします❸。非公開に設定されていて、ここに表示されないネットワークに接続する場合はネットワーク名のリストのいちばん下にある[別のネットワークを選択]をタップし、ネットワーク名やパスワードを入力して接続します❹。
ネットワークに接続した後、[データとプライバシー]の説明が表示されたら、読んだ上で[続ける]をタップします。

❷ 使うネットワークをタップします

❸ 次の画面でパスワードを入力して[接続]をタップします

fe_wf_004_2.4g-WPA3

G9-14762C

GL-AR300M-c87-NOR

Mainichi

Mainichi2

myguest

snibu

snibu 5GHz

別のネットワークを選択

❹ 表示されないネットワークに接続する場合にタップします

3 自分用か子ども用かを設定する

このiPadを自分用として設定するか、子ども用として設定するか、どちらかをタップして選択します。本書では[自分用に設定]をタップします❺。

iPad を設定

このiPadをあなた用またはファミリーのお子様用に設定できます。お子様のアカウントは、親または保護者が12歳以下のお子様に対して作成することができます。

❺ タップします

自分用に設定

ファミリーのお子様用に設定

4 Touch IDまたはFace IDを設定する

指紋か自分の顔を登録できます（モデルにより異なります）。登録するとiPadのロック解除やアプリの購入などに利用できます。[続ける]をタップし❻、画面の指示に従います。ここでは登録せずに、あとで登録しても構いません。120～123ページを参照してください。

Touch ID

パスコード入力または購入時の Apple ID パスワード入力の代わりに指紋認証を使用できます。

❻ タップして画面の指示に従います

続ける

Touch IDをあとで設定

パスコードを作成する

パスコードを設定します。任意の6桁の数字をタップして入力します❼。この次の画面で確認のために同じ6桁の数字をもう一度入力します。

> **Point** 6桁の数字以外のパスコード
>
> [パスコードオプション] をタップすると、アルファベットを混ぜたパスコードなどを設定できます。

❼ 6桁の数字を入力します

転送か新規を選ぶ

ほかのiPadやバックアップから転送する場合は、転送元に応じていずれかをタップします❽。本書では [何も転送しない]をタップします❾。

> **Point** Androidからの移行
>
> AndroidデバイスにGoogle Playストアから「iOSに移行」アプリをインストールした上で、この画面で [Androidから] をタップします。

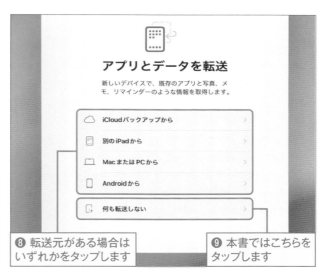

❽ 転送元がある場合はいずれかをタップします

❾ 本書ではこちらをタップします

7 Apple IDを入力する

iPadを使う上でApple IDでサインインするのは、基本的に必須です。Apple IDを入力して❿、[続ける] をタップします⓫。Apple IDをまだ持っていない場合は [パスワードをお忘れかApple IDをお持ちでない場合] をタップし、画面の指示に従って作成できます。

❿ 入力します

⓫ タップします

8 パスワードを入力する

パスワード欄が現れます。Apple IDのパスワードを入力して⓬、[続ける]をタップします⓭。

Point 2ファクタ認証

2ファクタ認証を設定しているApple IDの場合は、この後、2ファクタ認証の画面が開くので確認コードを入力します。2ファクタ認証については132ページを参照してください。

⓬ 入力します

⓭ タップします

---

9 利用規約に同意する

利用規約に目を通し[同意する]をタップします⓮。

この後、ほかのデバイスで使っていたApple IDをこのiPadでも使う場合は、ほかのiPadの設定を移行するかどうかを確認する画面が表示されます。[続ける]をタップするとほかのiPadと同じ設定になります。[カスタマイズ]をタップすると設定を1つずつ確認できます。本書では[カスタマイズ]をタップします。

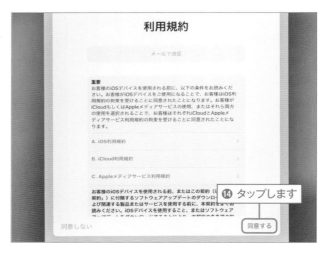

⓮ タップします

---

10 アップデートについて確認する

初期設定では、iPadの基本ソフトウェアの最新バージョンが公開された時に自動でアップデートされます。[続ける]をタップします⓯。ただし、自動でアップデートしない設定に後で変更できます。22ページを参照してください。

⓯ タップします

---

11 位置情報の利用を設定する

このiPadで位置情報を利用するなら［位置情報サービスをオンにする］、利用しないなら［位置情報サービスをオフにする］をタップします⑯。プライバシーやセキュリティを特に厳しくするのでない限り、オンにしてよいでしょう。124～125ページを参照してください。

この後、Wi-Fi＋Cellularモデルでは携帯電話回線の契約プランを設定する画面が表示されます。画面の指示に従って設定するか、［あとで"設定"でセットアップ］をタップします。

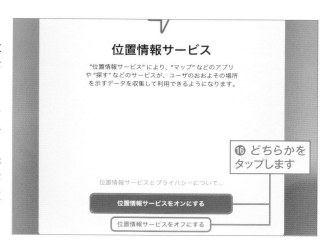

12 Apple Payを設定する

クレジットカードを登録すると、対応しているWebサイトでのオンラインショッピングなどに利用できます。登録するなら［続ける］をタップし、画面の指示に従って登録します。登録しないなら［あとでセットアップ］をタップします⑰。

13 Siriを設定する

Siri（シリ）は、声で操作してiPadを操作できる機能です。［続ける］をタップします。この後、自分の声や話し方を登録する画面が表示されたら、指示に従ってiPadに話しかけます。［あとで"設定"でセットアップ］をタップしても構いません⑱。［続ける］をタップした後、音声データをAppleと共有するかどうかを確認する画面が表示されたら、どちらかのボタンをタップします。

14 スクリーンタイムを設定する

スクリーンタイムはiPadの利用状況を集計し、必要に応じて制限時間などを設定できる機能です。[続ける] か [あとで"設定"でセットアップ] のどちらかをタップします⑲。後から設定するには、「設定」の[スクリーンタイム] を使用します。

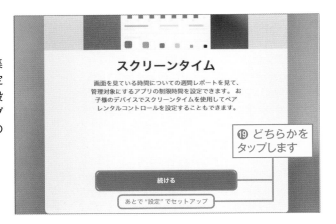

⑲ どちらかをタップします

15 解析を送信するかどうか選択する

iPadの利用状況をAppleに送信し、製品の向上に協力するかどうかを選択します。どちらでも構いません。どちらかをタップします⑳。

⑳ どちらかをタップします

16 画面表示を設定する

画面表示が全体に明るい [ライト]、暗い [ダーク]、[自動] のいずれかを、好みに応じてタップして選択し㉑、[続ける] をタップします㉒。[自動] にすると、時間帯によってライトとダークが自動で切り替わります。後から変更するには、「設定」の[画面表示と明るさ] を使用します。

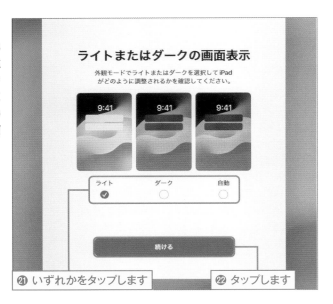

㉑ いずれかをタップします

㉒ タップします

17 設定完了！

これで設定が完了しました。[さあ、はじめよう！]をタップします㉓。この後、ホーム画面が表示され、使い始めることができます。

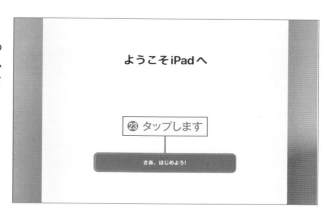

ようこそiPadへ

㉓ タップします

さあ、はじめよう！

► ほかのデバイスから設定を移す

1 ほかのデバイスを近づける

ほかのiPhoneまたはiPadを持っていれば、Apple IDやWi-Fiの設定を移すこともできます。13ページ手順4の画面が表示されている時に、別のデバイス（本書の例ではiPhone）を近づけます❶。近づけたデバイスにApple IDが表示されるので、確認して[続ける]をタップします❷。

❶ 別のデバイスを近づけます

❷ タップします

クイックスタート

2 近づけたデバイスのカメラを使う

iPadにもやもやと動くパターンが表示されます。これに、先ほど近づけたiPhoneのカメラを向けます❸。この後、iPhoneの画面に、新しいiPadをiPhoneと同じApple IDで使うか、家族用としてアカウントを作成するかを選択する画面が表示されるので、どちらかをタップします。その後、14ページ手順4以降とほぼ同様にセットアップを続けます。

iPhone を待機中...

この画像を iPhone の枠内に入れてください。

❸ 先ほど近づけたデバイスのカメラでとらえます

Chapter 1 ［タッチ操作］

画面に触れて操作するには

Pro　Air　iPad　mini

iPadは、指先で画面に触れて操作します。使いたい項目をポンと軽く叩いたり、動かしたいところを押したまま滑らせるなど、直感的に使えます。

基本 ●━━━━━━━━━ 応用

趣味 ━━━━━━●━ 実用

► アプリの起動や項目の操作をする

1 タップとダブルタップ

アプリの起動、項目の選択、ボタンを押す操作などをするには、目的の場所を指先で軽く叩きます。これを「タップ」と言います❶。2回続けてタップすることを「ダブルタップ」と言います。

❶ 軽く叩くことを「タップ」といいます

2 長く押す

目的の場所を指先で長く押す操作をすることもあります❷。メニューを表示する時などに使用します。

❷ 長く押します

▶ 移動や拡大／縮小をする

1 ドラッグとスワイプ

指先で押したまま動かす操作を「ドラッグ」、押したまま弾くように動かす操作を「スワイプ」と言います❶。たとえばWebページが縦に長くて表示しきれない時に、上下にドラッグまたはスワイプしてスクロール（表示範囲を動かすこと）します。

❶ 指で画面を移動します

2 ピンチオープンとピンチクローズ

「マップ」アプリの地図や「写真」アプリで見ている写真などを拡大するには、2本の指先を閉じて画面に当て、そのまま押し広げるように動かします。これを「ピンチオープン」と言います❷。反対に縮小する時は、開いた状態の2本の指先を縮めるように動かします。これを「ピンチクローズ」と言います❸。

❷ ピンチオープンで拡大表示します

❸ ピンチクローズで縮小表示します

▶ ホーム画面を操作する

1 ホーム画面の基本

アプリのアイコンがたくさん並んでいるこの画面を「ホーム画面」と呼びます。アプリが増えてくるとホーム画面のページが自動で増え、左右にスワイプしてページを移動できます❶。ホーム画面の下部にあるのは「Dock（ドック）」です❷。使い方はChapter 2で解説します。iPadを縦横どちらの向きで持っているかによって、画面は自動で回転します。

❶ スワイプして次のページに移動します

❷ Dock です

Point **iPadOSのソフトウェアアップデート**

iPadを動作させるための基本ソフトウェアを「iPad
OS」といいます。

以前から使っているiPadで、iPadOS 16から
iPadOS 17に大規模なアップデートをするこ
とができます（一部の古いモデルを除く）。また、

iPadOS 17.1から17.1.1へというように小規模な
アップデートもあります。どちらもアップデートの
操作は同じです。アップデートにより、機能が増えた
り、動作の不具合が修正されたり、セキュリティの問
題が解決したりします。

●アップデートの操作

このページの図はiPadOS 16.6の
画面です。ホーム画面で［設定］を
タップして開きます。左側の［一般］
をタップし❶、［ソフトウェアアップ
デート］をタップします❷。

iPadOS 17の説明の下にある［ダウ
ンロードしてインストール］をタップ
し、画面の指示に従ってダウンロー
ドとアップデートを実行します❸。電
源に接続するようにというメッセー
ジが表示されることがあるので、電
源を使える場所で実行しましょう。
この後、自動で何回か再起動し、アッ
プデートされます。アップデート後に
セットアップの項目がいくつか表示
されることがあります。12〜19ペー
ジを参照して設定します。
アップデート後に上述の操作で右
図と同様の画面を開き、［自動アップ
デート］をタップすると、新しいバー
ジョンが公開された時に自動でダウ
ンロードやアップデートをするかど
うかを設定できます。自動アップデー
トをオフにして、セキュリティやシス
テムに関するファイルだけを自動で
インストールする設定にすることも
できます。

Chapter 2

ホーム画面とアプリの
基本操作を知る

iPadでは自分のやりたいことに合うアプリをホーム画面から起動して使います。起動や切り替えのほか、複数のアプリやウインドウを並べる使い方などを解説します。また、アプリを入手する方法や、多くのアプリに共通するよく使う操作もこの章で紹介します。

Chapter 2 ［Dockとアプリスイッチャー］

アプリの起動や
切り替えをするには

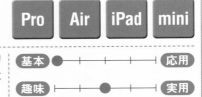

メールの送受信をするには「メール」アプリというように、目的のアプリ
を起動して使います。複数のアプリを起動し、切り替えながら使うこと
ができます。

基本 ●ーーーーーーーー 応用

趣味 ーーーーー●ーー 実用

▶ アプリを起動する

1 アイコンをタップして起動する

ホーム画面でアプリのアイコンをタップ
すると起動します❶。Dockにあるアイ
コンをタップして起動することもできま
す❷。

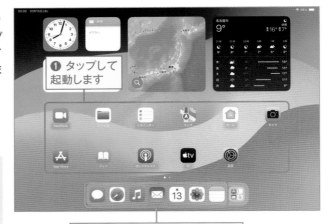

❶ タップして
起動します

❷ Dockのアイコンをタップして
起動することもできます

 Point Dockのアイコン

Dockは、ホーム画面のどのページにも表
示されます。そのため、よく使うアプリの
アイコンをDockに入れておくと便利で
す。アイコンの移動は38ページを参照し
てください。

2 Dockのアイコンは変化する

Dockの区切り線より右には、最近開いた
アプリなどが表示されるため、常に変化し
ます❸。

❸ 最近開いたアプリなどが表示されます

▶ アプリを切り替える

Dockから開く

アプリを使っている時に画面のいちばん下から少し上へスワイプするとDockが表示されます❶。使いたいアプリのアイコンをタップすると、そのアプリが開きます❷。

Point ホーム画面に戻って別のアプリを開く

アプリを使っている時にホームボタンを押すか、いちばん下から勢いよくスワイプするとホーム画面に戻り、次に使いたいアプリのアイコンをタップして開くことができます。

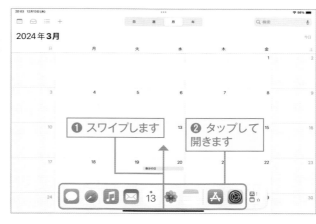

2 アプリスイッチャーから切り替える

いちばん下から画面の中ほどまで上方向にスワイプします。またはホームボタンのあるiPadなら、ホームボタンを2回押します。するとアプリスイッチャーが表示されます❸。起動しているアプリが表示されるので、使いたいアプリをタップします❹。起動しているアプリが多い時は、左右にスワイプしてスクロールできます❺。

3 アプリを終了する

しばらく使わないアプリや動作が不安定なアプリは終了しましょう。アプリスイッチャーで、終了したいアプリを上へスワイプします❻。

Chapter 2 ［Slide Over］

2つのアプリを
重ねて使うには

Pro **Air** **iPad** **mini**

2つのアプリを同時に表示して使う方法として、まずSlide Over（スライドオーバー）を解説します。本書では「メモ」と「写真」アプリで解説しますが、対応しているアプリであれば同様に操作できます。

基本 ├─┼─┼─●─┼─┤ 応用

趣味 ├─┼─┼─●─┼─┤ 実用

1 Slide Over を始める

「メモ」アプリが起動しています❶。画面上部にある ［…］ をタップし❷、［Slide Over］をタップします❸。

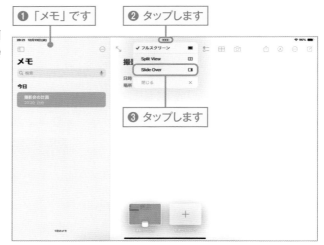

❶ 「メモ」です

❷ タップします

❸ タップします

2 別のアプリを開く

「メモ」が横に隠れます❹。ホーム画面から別のアプリを開きます。本書では［写真］をタップします❺。

❹ 「メモ」が隠れます

❺ タップします

Point 同じアプリでもできる

本書では別のアプリで解説していますが、アプリによっては「メモ」の上に「メモ」を重ねるというように、同じアプリでもSlide Overを利用できます。

3 Slide Overになった

「写真」アプリが開き、「メモ」がSlide
Overになりました❻。上部をドラッグし
て反対側へ移動できます❼。

❻ Slide Overに
なりました

❼ ドラッグして移動できます

4 Slide Overを隠す

Slide Overの上部を画面の右端へドラッ
グすると、Slide Overが隠れます❽。隠
した後で画面の右端から内側へスワイプ
すると、再度表示されます❾。アプリに
よっては左端へドラッグして隠せること
もあります。

❽ ドラッグして
隠します

❾ 隠した後でドラッグ
すると表示されます

5 Slide Overを終了する

上部にある [⋯] をタップし❿、[フルスク
リーン] をタップすると⓫、「メモ」だけが
フルスクリーンで表示される状態に戻り
ます。

❿ タップします

⓫ タップします

Chapter 2 ［Split View］

2つのアプリを
並べて使うには

2つのアプリを同時に表示する方法として、今度はSplit View（スプリットビュー）を解説します。Split Viewか前ページのSlide Overか、どちらでも使いやすい方を使いましょう。

基本 ├──┼──┼──●──┤ 応用

趣味 ├──┼──┼──●──┤ 実用

► Split Viewの基本操作を知る

1 Split Viewを始める

「メモ」アプリが起動しています❶。画面上部にある［…］をタップし❷、［Split View］をタップします❸。

❶「メモ」です

❷ タップします

❸ タップします

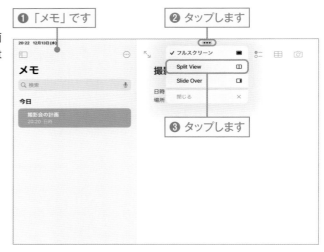

2 別のアプリを開く

「メモ」が横に隠れます❹。ホーム画面から別のアプリを開きます。本書では［写真］をタップします❺。

❹「メモ」が隠れます

❺ タップします

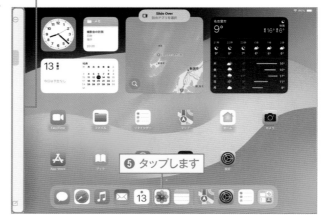

どちらかのアプリを閉じる

Split Viewになりました❻。[…]をタップし❼、[フルスクリーン]をタップするとこのアプリだけが表示される状態になります❽。[閉じる]をタップするとこのアプリが閉じ、もう一方のアプリだけが表示されます❾。

> **Point** 左右の領域の大きさを変える
>
> 2つのアプリの間の区切り線を左右にドラッグすると、領域の大きさを変えることができます。左右のどちらかの端までドラッグすると、アプリが1つだけ表示される状態になります。

❻ Split Viewになりました

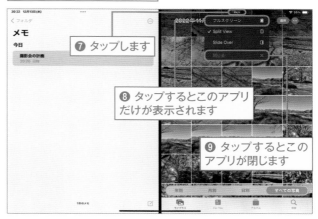

❼ タップします

❽ タップするとこのアプリだけが表示されます

❾ タップするとこのアプリが閉じます

Split Viewを別のアプリにする

変えたい方のアプリの上部にある[…]を下へスワイプします❿。するとそのアプリが閉じて手順2と同様の画面になるので、ホーム画面から別のアプリをタップして開きます。

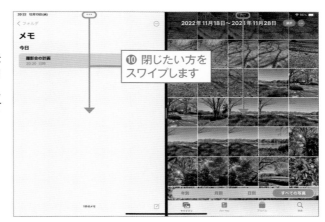

❿ 閉じたい方をスワイプします

Split ViewからSlide Overに変更する

Slide Overに変えたいアプリの上部にある[…]をタップし⓫、[Slide Over]をタップします⓬。

> **Point** Slide OverからSplit Viewに変更する
>
> Slide OverからSplit Viewに変更する操作も同様です。上部にある[…]をタップします。[Split View]をタップし、次に表示されるボタンでこのアプリを左右のどちらに表示するかをタップして選びます。

⓫ タップします

⓬ タップします

▶ Split Viewのその他の操作を知る

1 アプリスイッチャーでドラッグする

アプリスイッチャーを表示します（25ページ参照）❶。アプリのウインドウをドラッグして別のアプリに重ねます❷。

❶ アプリスイッチャーを表示します

❷ ドラッグします

2 Split Viewになった

Split Viewになりました。タップするとSplit Viewの状態で表示されます❸。

❸ タップして全画面で表示します

3 アプリスイッチャーでSplit Viewをやめる

Split Viewになっているアプリのどちらかを、アプリとアプリのすきまへドラッグします❹。

❹ ドラッグします

4 3つのアプリを同時に開く

2つのアプリをSplit Viewにします。下から少しスワイプしてDockを表示し⑤、アイコンをSplit Viewの区切り線にドラッグします⑥。これで3つめのアプリがSlide Overになります。

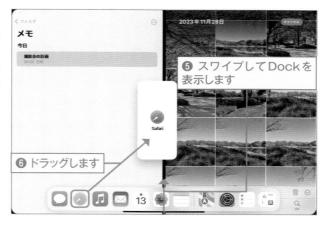

⑤ スワイプしてDockを表示します

⑥ ドラッグします

▶ ドラッグ&ドロップ操作をする

1 写真を選択する

「メモ」アプリで写真を入れたいページを表示します❶。「写真」アプリを[日別]か[すべての写真]の表示にします。写真を長く押すと、浮き上がったような表示になります❷。「写真」アプリの表示については180ページを参照してください。

Point テキストを
ドラッグ&ドロップする

テキストの場合は、テキストを選択（88ページ参照）してから長く押して、ドラッグ&ドロップします。

❶ 「メモ」のページです

❷ 長く押します

2 ドラッグ&ドロップする

浮き上がった状態のまま、メモのページへドラッグします❸。➕が表示されたら指を離します。これで、写真がメモのページに挿入されます。

Point Slide Overでもできる

ここではSplit Viewでドラッグ&ドロップ操作を解説しましたが、Slide Overでもドラッグ&ドロップできます。また、対応しているほかのアプリでもできます。

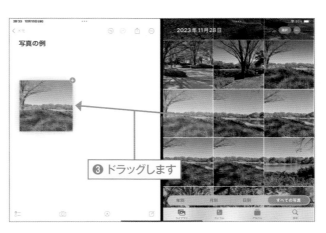

❸ ドラッグします

Chapter 2 ［アイコンからの操作］

アプリのアイコンから
操作するには

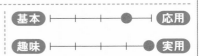

アプリのアイコンを長く押して、よく使う機能を選択したり、1つのアプリ
で複数のウインドウを使ったりすることができます。ここでは「メモ」アプリ
で解説します。この操作で利用できる機能は、アプリにより異なります。

基本 ├──┼──┼──●──┼──┤ 応用

趣味 ├──┼──┼──┼──●─┤ 実用

1 アイコンから
メニューを表示する

［メモ］を長く押すとメニューが表示され
ます❶。メニューの項目をタップして新規
メモの作成などをすることができます。
1つのアプリのウインドウを複数開いて、
切り替えながら使いたい場合は、このメ
ニューから［すべてのウインドウを表示］
をタップします❷。

❶ 長く押します

❷ タップします

 アイコンを並べ替える

このメニューの中にある［ホーム画面を編
集］は38ページで解説します。

2 新しいウインドウを開く

現在開いているメモが表示されます❸。
［＋］をタップします❹。

❸ 現在開いているメモです

❹ タップします

3 新しいウインドウで作業をする

「メモ」アプリの新規ウインドウが開きます❺。新規メモを作成したり、既存のメモを開いたりします。「メモ」アプリの使い方は106ページを参照してください。再び手順1の操作をすると開いているウインドウがすべて表示され、使いたいウインドウをタップして選択できます。

❺ メモの作業をします

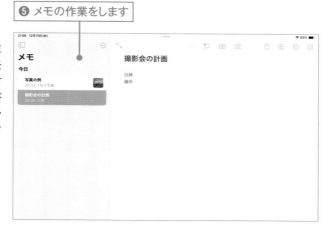

4 Dockのアイコンから操作する

「メモ」アプリの画面のままDockを表示し（25ページ手順1参照）、[メモ]を長く押して❻、メニューの[すべてのウインドウを表示]をタップします❼。

❻ 長く押します

❼ タップします

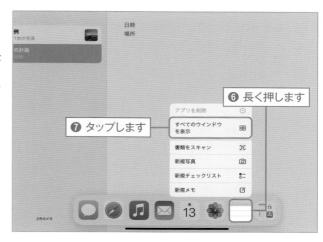

5 シェルフを操作する

画面下部にシェルフが表示されます❽。別のウインドウをタップして開いたり❾、[＋]をタップして新規ウインドウを開いたりできます❿。使わないウインドウを上へスワイプして閉じることもできます⓫。

 Point シェルフの利用

シェルフは「メモ」アプリの機能ではなく、対応しているほかのアプリでも利用できます。アプリの状況に応じてシェルフが自動で、または別の操作で表示されることがあります。

❽ シェルフです

❾ タップして開きます

❿ タップして新規ウインドウを開きます

⓫ スワイプして閉じます

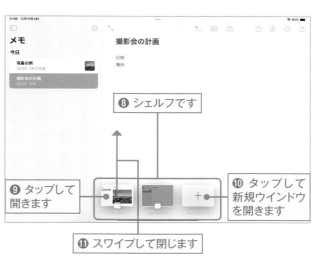

Chapter 2 ［アプリの入手］

App Storeからアプリを入手するには

自分の用途や楽しみ方に合うアプリを入手してこそ、iPadは最大限に活用できます。App Storeでアプリを見つけましょう。無料のアプリもたくさんあります。

基本 ●———┼———┼———┤ 応用

趣味 ├———┼——●——┼———┤ 実用

---

1 「App Store」を起動する

ホーム画面で [App Store] をタップして起動します❶。位置情報の利用を確認するメッセージが表示されたら、いずれかをタップします❷。好みに応じて、どれでも構いません。

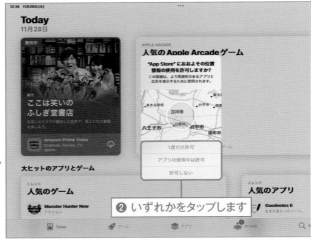

❶「App Store」を起動します

❷ いずれかをタップします

---

2 リンクをたどって見つける

[Today]、[ゲーム]、[アプリ] のいずれかをタップします❸。上下や左右にスワイプしてスクロールできます。気になる項目をタップして、リンクをたどります❹。[Today] では人気のアプリや新しいアプリ、季節に合うアプリなどが紹介されています。毎日更新されています。

❸ いずれかをタップします

❹ 気になる項目をタップして見ていきます

> **Point** ［Arcade］とは？
>
> 下部の [アプリ] の右隣にある [Arcade]（アーケード）は、月額900円で遊び放題のゲームのサービスです。価格については222ページのコラム「Apple One」も参照してください。

3 検索して見つける

手順2の画面の右下にある [検索] をタップします。フィールドをタップし、アプリ名やキーワードを入力します❺。表示された候補をタップするか❻、⏎ をタップします❼。

Point iPhone用のアプリ

iPhone用のアプリをiPadにインストールできます。手順4の図で左上にある[フィルタ] をタップし、メニューが表示されたら[サポート]をタップして[iPhoneのみ]をタップすると、iPhone用のアプリが表示されます。

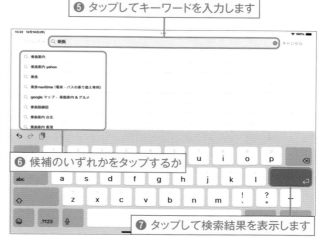

❺ タップしてキーワードを入力します

❻ 候補のいずれかをタップするか

❼ タップして検索結果を表示します

4 検索結果から探す

検索結果が複数ある時は、上下にスワイプしてスクロールできます。詳細を確認したい場合はアイコンをタップします❽。

Point ここからすぐに入手できる

詳細を確認せずにすぐ入手する場合は、[入手] または金額の書かれたボタンをタップします。

❽ タップします

5 アプリを入手する

目的のアプリのページが表示されたら、[入手] または金額の書かれたボタンをタップします❾。この後、確認のメッセージやApple IDでのサインインなど、画面の指示に従ってダウンロードします。

Point 携帯回線の使用

Wi-Fi＋CellularモデルのiPadでWi-Fiに接続していない時は、携帯回線でアプリをダウンロードすることになり、通信量が増えます。「設定」の [App Store] で、携帯回線でアプリをダウンロードする前に確認するかどうかを設定できます。

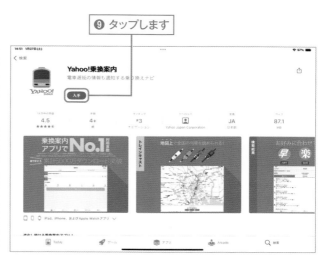

❾ タップします

Chapter 2 ［アプリのアップデート］

アプリを
アップデートするには

アプリは、機能の追加や不具合の修正などのために新しいバージョンが公開されることがしばしばあります。最新版を入手することを「アップデート」といいます。

基本 ●———— 応用
趣味 ————●— 実用

1 アップデートの通知がアイコンでわかる

iPadにインストールされているアプリのアップデートが公開されると、[App Store] のアイコンにアップデートの件数を示す赤い小さい丸が付きます。このアイコンをタップして起動します❶。

❶ タップします

Point アップデートのほとんどは無料

購入時は有料のアプリでも、アップデートは無料である場合がほとんどです。

2 すべてのアプリをアップデートする

アカウントのアイコンにアップデートの件数が表示されています。ここをタップします❷。すべてのアプリをアップデートするなら、[すべてをアップデート]をタップします❸。この後、ダイアログが開いた場合は Apple IDのパスワード、または指紋か顔で認証します。

❷ タップします

❸ タップします

3 アプリを1つずつ確認する

アップデートの内容を確認したい時は、項目をタップします④。

④ タップします

4 このアプリをアップデートする

詳細が表示されるので、アップデートの内容を確認します⑤。さらにさかのぼって確認したい場合は[バージョン履歴]をタップします⑥。[アップデート]をタップしてアップデートします⑦。

⑤ 確認します

⑥ さかのぼって確認したい場合にタップします

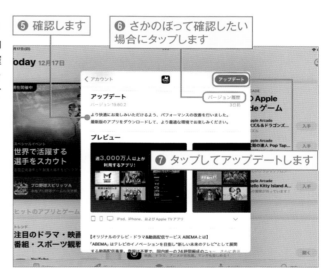

⑦ タップしてアップデートします

Point アプリの自動アップデート

アプリを自動アップデートする設定もあります。「設定」の[App Store]をタップし❶、[アプリのアップデート]のスイッチをタップしてオンにします❷。ただしWi-Fi + Cellularモデルの場合、モバイルデータ通信の[自動ダウンロード]がオンになっていると、Wi-Fiに接続していない時に携帯電話回線でアップデートされるため、通信量が増えることに注意してください。

❶ タップします

❷ タップしてオンにします

Chapter 2［ホーム画面の整理］

ホーム画面を
整理するには

App Storeからアプリを入手してホーム画面のアイコンが増えたら、アイコンを並べ替えたり、使わないアプリを削除したり、フォルダにまとめたりして、使いやすいように整理しましょう。

基本 ●————┼————┼————┼———— 応用

趣味 ├————┼————●————┼————┤ 実用

▶ 並べ替え、削除、フォルダ作成をする

1 ホーム画面の ページを移動する

アプリが増えると自動でホーム画面のページが増えます。左右にスワイプしてページを移動できます❶。Dockの上の点が並んでいる部分をドラッグするとすばやく移動できます❷。ホームボタンを押すか、画面の下部から上へ勢いよくスワイプすると、ホーム画面の1ページめに戻ります❸。

❶ スワイプして移動します

❷ ドラッグして移動します

❸ スワイプするかホームボタンを押して1ページめに戻ります

2 アイコンの並べ替えを始める

任意のアイコンを長く押します❹。メニューが表示されたら［ホーム画面を編集］をタップします❺。または、アイコンのないところを長く押します。

Point ダウンロードした アプリのアイコン

「設定」の［ホーム画面とアプリライブラリ］をタップすると、App Storeから新たにダウンロードしたアプリのアイコンを、ホーム画面に追加するかアプリライブラリにだけ追加するかを設定できます。アプリライブラリについては42ページを参照してください。

❹ 長く押します

❺ タップします

ホーム画面を編集
アプリを共有
アプリを削除

並べ替えや削除をする

アイコンが揺れ、◯ が付きます❻。この状態でアイコンをドラッグして移動できます❼。ページの左右の端へドラッグすると、前のページや次のページに移動します。アプリを削除するには、◯ をタップし❽、確認のメッセージが表示されたら［アプリを削除］をタップし、さらに次の確認のメッセージで削除します。移動や削除が終わったら、右上の［完了］をタップ、またはホームボタンを押して確定します。

❻ アイコンが揺れて◯ が付きます

❼ ドラッグして移動します

❽ タップして削除できます

ドラッグして重ねる

関連のあるアプリはフォルダにまとめて整理できます。前ページ手順2の操作で揺れている状態にしてから、アイコンをドラッグして別のアイコンに重ねます❾。

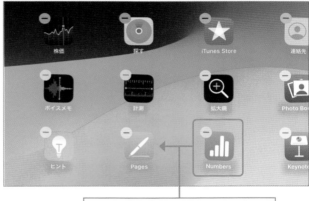

 Dockのアイコンも入れ替えられる

Dockのアイコンも移動の操作で入れ替えられます。ホーム画面のどのページでもDockは常に表示されているので、よく使うアプリを置いておくと便利です。

❾ 揺れているアイコンをドラッグして別のアイコンに重ねます

フォルダが作られる

フォルダが作られ、開いた状態になります❿。フォルダ名はアプリの種類から自動で付けられていますが、変更するにはフォルダ名をタップします⓫。この後、新しい名前を入力します。

❿ フォルダが作られました　⓫ タップして変更できます

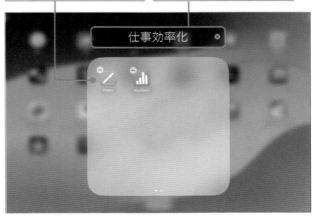

Chapter 2 ホーム画面の整理

6 フォルダにアイコンを追加する

前ページ手順5の画面で、開いたフォルダ以外の場所をタップすると、フォルダが閉じた状態になります⑫。別のアイコンをドラッグして重ねて、フォルダに追加することができます⑬。

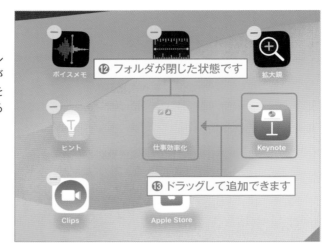

⑫ フォルダが閉じた状態です

⑬ ドラッグして追加できます

7 フォルダからアイコンを取り出す

中のアイコンが揺れている状態で外へドラッグすると、フォルダから取り出されてホーム画面に直接置かれた状態に戻ります⑭。

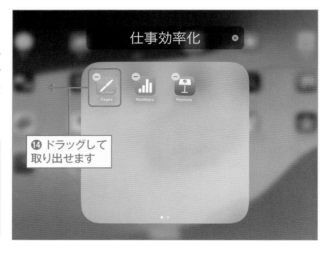

仕事効率化

⑭ ドラッグして取り出せます

 フォルダそのものを削除するには？

アイコンをすべて取り出すと、フォルダはなくなります。ただし、フォルダを作成中でまだ完了していない場合は、アイコンが1つになるとフォルダではなくなります。

8 フォルダの中のアプリを使う

フォルダの中のアプリを使うには、フォルダをタップして開いてから、その中のアイコンをタップして起動します⑮。

仕事効率化

⑮ フォルダの中のアイコンをタップして起動します

▶ 複数のアイコンを選択する

1 ２本の指先で操作する

複数のアイコンを選択していっぺんに移動できます。iPadを机などに置いて操作するとよいでしょう。アイコンが揺れている状態にします❶。選択したいアイコンのひとつを、押したまま少しだけ動かします❷。そのアイコンを押したまま、別の指で２つめのアイコンをタップします❸。

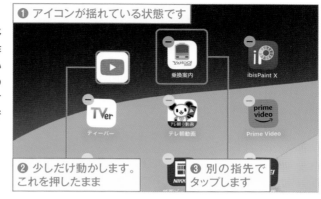

❶ アイコンが揺れている状態です

❷ 少しだけ動かします。これを押したまま

❸ 別の指先でタップします

2 アイコンを追加する

これで２つのアイコンが選択され、❷と表示されました❹。このアイコンを押したまま別のアイコンをタップすると、選択項目として追加されます❺。指を離さずにこのまま画面の左右の端へドラッグして別のページへ移動したり、フォルダにドラッグして入れたりすることができます。

❹ 選択されているアイコンの数です

❺ 別のアイコンをタップして追加できます

▶ アプリなどを検索する

1 検索機能を表示する

アプリが増えてくるとすぐに見つからないことがあるかもしれません。そのような場合には、検索して起動できます。ホーム画面の何ページ目が表示されていても構いません。ホーム画面で下へスワイプします❶。使いたいアプリが候補として表示されている場合は、タップして起動できます❷。表示されていない場合は、[検索]をタップします❸。アプリ名やキーワードで検索できます。

❶ スワイプします

❷ タップして起動できます

❸ 検索する時にタップします

2 検索する

条件を入力します**④**。条件に合うアプリが検索され、タップして起動できます**⑤**。

④ 入力します

⑤ タップして起動できます

> **Point** さまざまな情報が検索される
>
> この方法で検索すると、iPadにインストールされているアプリだけでなく、iPad内のメールやメッセージ、カレンダーのイベント、連絡先、書類などに加え、インターネット上の情報も検索されます。タップしてその項目を開くことができます。

▶ アプリライブラリを使う

1 アプリライブラリを開く

ホーム画面の最後のページでさらに左へスワイプするか**①**、Dockにあるアプリライブラリのアイコンをタップします**②**。アプリライブラリのアイコンをタップする場合は、ホーム画面の何ページめが表示されていても構いません。

① 最後のページでスワイプするか

② タップします

2 アプリライブラリを使う

アプリライブラリが表示され、アプリが自動で分類されています。大きいアイコンをタップすると起動します**③**。小さいアイコンの部分をタップすると、この分類のアプリがすべて表示されます**④**。

> **Point** ホーム画面から取り除く
>
> 38ページ手順2のメニューで［アプリを削除］をタップし、次に開くメッセージで［ホーム画面から取り除く］をタップすると、ホーム画面には表示されなくなりますが、アプリライブラリには表示され、ここから起動できます。

③ タップして起動します　④ タップしてこの分類を開きます

3 アプリの名前から見つける

検索フィールドをタップすると、名前順のリストが表示され、タップして起動できます⑥。アプリ名の一部やキーワードを入力して検索することもできます⑦。

Point アプリライブラリにだけあるアイコンをホーム画面に追加する

インストール時にアプリライブラリにだけ追加したり（38ページ参照）、手順2のコラムの操作でホーム画面から取り除いたりしたアプリは、アプリライブラリでアイコンを長く押し、メニューの［ホーム画面に追加］をタップすると、ホーム画面に表示されます。

⑤ タップします

⑥ タップして起動できます

⑦ 入力すると検索されます

▶ ホーム画面のページを並べ替える

1 並べ替えを始める

38ページ手順2の操作でアイコンが揺れている状態にします❶。Dockの上の点が並んでいる部分をタップします❷。

❶ アイコンが揺れている状態です

❷ タップします

2 ページの並べ替えや非表示の設定をする

ホーム画面のページの一覧が表示されます。ドラッグして並べ替えられます❸。チェックマークをタップしてチェックをはずすと、このページは非表示になります❹。並べ替えや非表示の設定が終わったら［完了］をタップします❺。

Point 非表示にしたページのアプリ

ページを非表示にしても、再度チェックを付ければ表示されます。また、非表示にしたページのアプリは、アプリライブラリから起動できます。

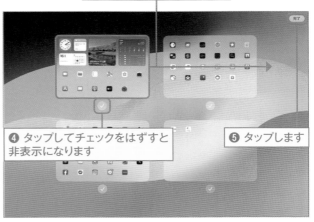

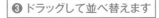

❸ ドラッグして並べ替えます

❹ タップしてチェックをはずすと非表示になります

❺ タップします

Chapter 2 ［ウィジェット］

よく使う情報を表示するには

ホーム画面や「今日の表示」のウィジェットで、さまざまな情報を見たり、アプリをすぐに起動したりすることができます。

| 基本 | ●───┼───┼── | 応用 |
| 趣味 | ├───┼───●── | 実用 |

▶ ウィジェットを使う

1 ホーム画面にウィジェットがある

初期設定ではホーム画面の1ページめに、時計などいくつかの情報が表示されています。これらの項目を「ウィジェット」といいます❶。

❶ ウィジェットが表示されています

2 「今日の表示」を表示する

ホーム画面の1ページ目を右へスワイプすると❷、「今日の表示」という領域が表示され、ここにもウィジェットがあります❸。左へスワイプすると「今日の表示」は隠れます❹。

❷ スワイプすると

❸ 表示されます

❹ スワイプすると隠れます

3 アプリのウィジェットを使う

ウィジェットを見て情報をすぐに確認できるだけでなく、アプリのウィジェットをタップすると、そのアプリが開きます❺。

❺ タップするとアプリが開きます

4 スマートスタックを使う

初期設定で右の方にある2つは「スマートスタック」で、複数のアプリの情報が重なっています。上下にスワイプすると、アプリが切り替わります❻。

❻ 上下にスワイプします

▶ ウィジェットの設定を変える

1 メニューを表示して編集を始める

ここでは「天気」ウィジェットを例にとって解説します。このウィジェットを長く押し❶、メニューが表示されたら["天気"を編集]をタップします❷。

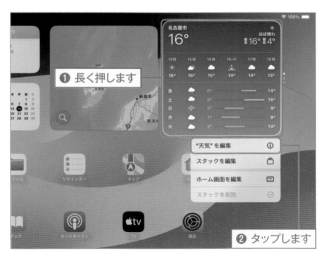

❶ 長く押します

"天気" を編集

スタックを編集

ホーム画面を編集

スタックを削除

❷ タップします

2 場所を設定する

場所が書かれたところをタップします❸。
この後、場所を検索する画面が開くので、
天気を表示したい場所を設定します❹。
その後、画面の何もないところをタップす
ると設定した場所が確定します。

❸ タップします

❹ 次に開く画面で
場所を設定します

▶ ウィジェットの並べ替え、削除、追加をする

1 ウィジェットの並べ替えや削除をする

38ページ手順2の操作でアイコンが揺れ
ている状態にし❶、ウィジェットをドラッ
グして移動します❷。ホーム画面の2ペー
ジめ以降に移動することもできます。⊟
をタップし❸、[削除]をタップするとウィ
ジェットを削除できます❹。

Point 「今日の表示」でも同様

「今日の表示」でも同様に、アイコンが揺れ
ている状態でウィジェットを並べ替えた
り削除したりできます。

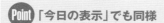

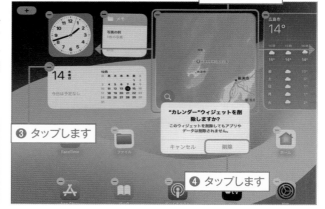

❶ アイコンが揺れている状態です

❷ ドラッグして移動します

❸ タップします

❹ タップします

2 ホーム画面にウィジェットを追加する

ウィジェットを追加するには、アイコンが
揺れている状態で左上にある[+]をタッ
プします❺。追加したいウィジェットのア
プリをタップします❻。ここでは例として
[App Store]をタップします。

❺ ここにある[+]をタップします

❻ タップします

3 ウィジェットの形式を選んで追加する

左右にスワイプするとウィジェットの形や大きさ、表示される内容を選べます❼。好みのものを表示して [ウィジェットを追加] をタップします❽。これで追加できます。

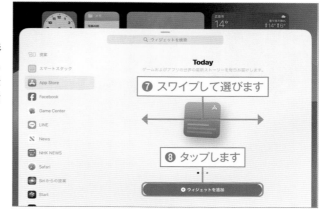

❼ スワイプして選びます

❽ タップします

4 「今日の表示」にウィジェットを追加する

アイコンが揺れている状態で「今日の表示」を表示し、左上の [＋] をタップします❾。この後、手順2〜3と同様に追加します。

❾ タップして、ホーム画面と同様に追加します

5 ウィジェットから操作する

iPadOS 17では、ウィジェットからアプリのデータを操作できるようになりました。例えば「リマインダー」ウィジェットで、先頭の丸をタップして実行済みにすることができます❿。このように操作できるウィジェットは「インタラクティブウィジェット」と呼ばれます。「リマインダー」については198ページを参照してください。

❿ タップしてこの項目を実行済みにします

Chapter 2 ［ロック画面のカスタマイズ］

ロック画面を
使いやすくするには

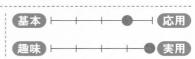

ロック画面をカスタマイズして、時刻や日付の表示、ウィジェットなどを好みに合うように設定できます。

基本 |—|—|—|—●—| 応用

趣味 |—|—|—|—●—| 実用

---

1 カスタマイズを始める

「設定」を起動し❶、［壁紙］をタップします❷。現在のロック画面をカスタマイズするには、ロック画面の表示をタップします❸。

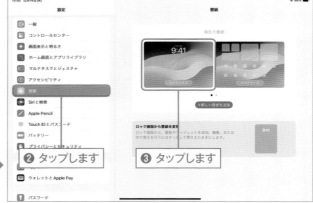

❶「設定」を起動します

❷ タップします

❸ タップします

---

2 時計の表示を変える

時計の表示を変えるには、時計の部分をタップします❹。好みのフォント（書体）をタップして選択し❺、スライダをドラッグして文字の太さを変えます❻。また、好みの色もタップして選択します❼。

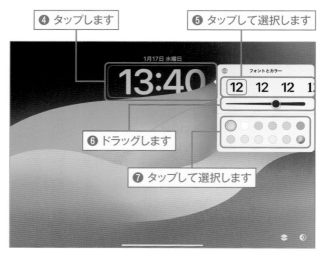

❹ タップします

❺ タップして選択します

❻ ドラッグします

❼ タップして選択します

---

3 日付の部分の表示を変える

日付の部分をタップすると❽、日付とともに今日の予定や天気などを表示する設定にすることができます❾。

❽ タップします

❾ タップして選択します

4 ウィジェットを追加する

ウィジェットの領域をタップすると❿、ホーム画面と同様に好みのウィジェットを追加することができます⓫。追加し終わったら［×］をタップします⓬。

❿ タップします

⓫ 好みに応じて追加します

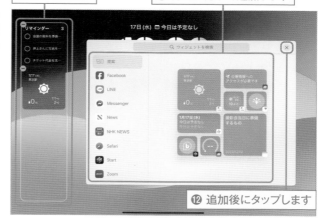

⓬ 追加後にタップします

5 設定を完了する

ここまでの設定ができたら、［完了］をタップすると、新しいロック画面になります⓭。

⓭ タップします

 Point 新しい壁紙の画面を追加する

別の壁紙の画面を新たに追加し、ロック画面やホーム画面に設定することもできます。140ページを参照してください。

Chapter 2 ［Apple ID］

支払いやダウンロードの設定をするには

有料アプリや音楽などの支払い方法は、主にクレジットカードとギフトカード（プリペイドカード）の2種類です。また、複数のデバイスで同じApple IDを使い、アプリを自動ダウンロードすることができます。

基本 ├──┼──●──┼──┤ 応用

趣味 ├──┼──●──┼──┤ 実用

▶ サインアウトやアカウントの確認をする

1 サインアウトする

ホーム画面で［設定］をタップして起動します❶。自分の名前の部分をタップします❷。［メディアと購入］をタップすると、メニューが表示されます❸。別のアカウントを使いたいなどの理由でサインアウトするには［サインアウト］をタップします❹。

❶「設定」を起動します

❷ タップします

❸ タップします

❹ タップしてサインアウトします

2 パスワードを忘れてしまったら

手順1のメニューで［アカウントを表示］をタップし、認証を求められた場合は指紋や顔で認証します。すると、この画面になります。［Apple ID］をタップします❺。この後、Webブラウザアプリの「Safari」でApple IDを管理するWebページが開き、パスワードの再設定ができます。

❺ タップします

Point パスワードを要求するタイミングを設定する

手順1のメニューで［パスワードの設定］をタップすると、アプリを購入する時にパスワードの入力を求めるタイミングを設定できます。

▶ クレジットカードで支払う

1 アカウントを表示する

有料アプリや音楽などを購入したり映画をレンタルしたりするために、クレジットカード情報を登録する手順を紹介します。前ページ手順1のメニューで［アカウントを表示］をタップします。［お支払い方法を管理］をタップします❶。

❶ タップします

2 支払い方法を追加する

右図の画面が開いた場合は、［お支払い方法を追加］をタップします❷。

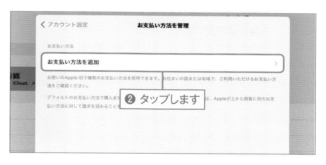

❷ タップします

3 クレジットカード情報を登録する

［クレジット／デビットカード］をタップします❸。クレジットカード番号などを入力し❹、［完了］をタップします❺。今後購入する有料アプリや音楽などの代金は、このクレジットカードから支払われます。

❸ タップします

❹ 入力します

❺ タップします

▶ Apple Gift Cardで支払う

1 「App Store」でアカウントを表示する

Apple Gift CardはApple Store、家電量販店、コンビニ、スーパーなどで購入できます。「App Store」を起動します❶。👤をタップします❷。

❷ タップします

❶「App Store」を起動します

2 コードの登録を始める

[ギフトカードまたはコードを使う] をタップします❸。この後、ダイアログが開いた場合は認証します。

❸ タップします

3 カードに記載のコードを入力する

[カメラで読み取る] をタップするとカメラで撮影する画面になるので、カードに書かれているコードを写します❹。[手動でコードを入力] をタップしてコードを入力することもできます❺。

❹ タップしてカメラで読み取るか

❺ タップしてキーボード入力します

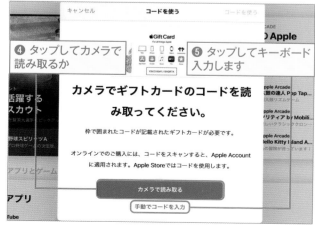

 Point どちらから登録してもよい

「App Store」と「iTunes Store」のどちらから登録しても、アプリと音楽のどちらの支払いにも利用できます。

4 「iTunes Store」でも登録できる

「iTunes Store」アプリを起動します❻。[ミュージック]をタップし❼、いちばん下へスクロールします❽。[コードを使う]をタップすると手順3と同様の画面になります❾。

❻「iTunes Store」を起動します

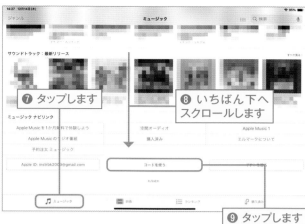

❼ タップします

❽ いちばん下へスクロールします

❾ タップします

▶ 自動ダウンロードを設定する

1 iPadで設定する

同一のApple IDを使って複数のデバイスで自動ダウンロードの設定をしておくと、いずれかでアプリを入手した時に、ほかのデバイスにも同じアプリが自動でダウンロードされます。iPadではホーム画面で[設定]をタップし❶、起動したら[App Store]をタップします❷。[アプリのダウンロード]のスイッチをタップしてオンにします❸。

❶「設定」を起動します

❷ タップします

❸ タップしてオンにします

2 iPhoneでも設定する

iPhoneでも「設定」を開き、[App Store]をタップします❹。[アプリのダウンロード]のスイッチをタップしてオンにします❺。

❹「設定」の[App Store]を開きます

❺ タップしてオンにします

Chapter 2［AirDrop］

簡単にデータを
送受信するには

AirDropは近くにあるiPad、iPhone、Macの間でデータを送受信
できる便利な機能です。「写真」アプリで解説しますが、共有方法として
［AirDrop］が表示されるアプリなら操作は同じです。

基本 ├─┼─┼─●─┤ 応用

趣味 ├─┼─┼─┼●┤ 実用

---

1 受信側で設定する

受信側は、126～127ページの操作で、
コントロールセンターの通信に関する設
定を表示します❶。［AirDrop］をタップし
ます❷。

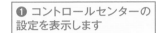

❶ コントロールセンターの
設定を表示します

❷ タップ
します

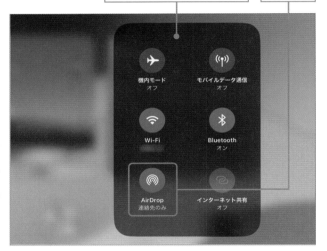

 Point 距離が離れても
送受信を継続できる

以前はAirDropによる送受信が完了する
まで2台のデバイスが近くにあることが
必要でしたが、iPadOS 17.1からは送受
信を始めた後に離れてもインターネット
経由で継続されるようになりました。双方
がiCloudにサインインしている場合に、
この使い方ができます。

---

2 受信できるようにする

［連絡先のみ］または［すべての人（10分
間のみ）］をタップして有効にします❸。

❸ どちらかをタップします

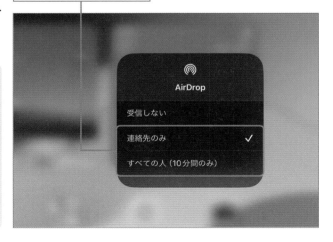

 Point ［連絡先のみ］を使用するには

受信側も送信側もiCloudにサインインし
ている必要があります。また、受信側の「連
絡先」アプリに、送信側のApple ID（メー
ルアドレス）または携帯電話番号が登録さ
れている必要があります。双方のデバイス
が同じApple IDでiCloudにサインイン
している場合も［連絡先のみ］を使用でき
ます。

3 送信側で共有を開始する

送信側は「写真」アプリで写真を表示します❹。□をタップします❺。共有方法を選ぶ画面が表示されたら［AirDrop］をタップします❻。

❹「写真」アプリで写真を表示します

❺ タップします

❻ タップします

4 送信先を選ぶ

近くでAirDropを有効にしているデバイスが表示されます。送りたい相手をタップします❼。

❼ タップします

Point 知らない人から 見えないようにする

AirDropを［すべての人（10分間のみ）］にしたままだと、知らない人のデバイスのAirDropに表示されてしまいます。受信が終わったら手順2の画面で［受信しない］か［連絡先のみ］に戻しましょう。また、［すべての人（10分間のみ）］にしてから10分経つと自動で［連絡先のみ］になります。

5 送受信される

受信側には確認のメッセージが表示されます。［受け入れる］をタップすると、送受信が始まります❽。受信側の「写真」アプリに自動で保存されます。

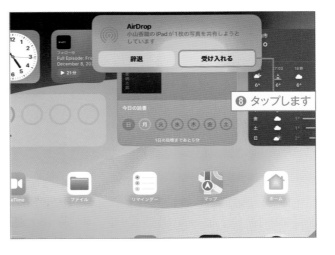

❽ タップします

Point 確認のメッセージが 表示されない場合がある

双方のデバイスが同じApple IDでiCloudにサインインしている場合は確認のメッセージは表示されず、すぐに送受信が始まります。

Chapter 2 ［共有］

アプリから
データを送るには

Pro　Air　iPad　mini

54〜55ページで共有アイコンからAirDropでデータを送受信する方法を解説しましたが、AirDrop以外にも共有する方法はたくさんあります。

基本 |—————————●————| 応用
趣味 |————————————●| 実用

共有を開始する

本書では「写真」アプリを例にとって解説します。どのアプリでも使い方の基本は同じです。送りたい写真を開き❶、□をタップします❷。送りたいアプリのアイコンが表示されていればタップします。ここでは例として［メモ］をタップします❸。

Point　位置情報などを含めずに共有する

上の方にある［オプション>］をタップすると位置情報などを含めずに共有できます。共有相手やSNSに情報を送りたくない場合に利用しましょう。

❶ 写真を開きます

❷ タップします
❸ タップします

---

2 メモの設定をして保存する

メモの新規ページにするか、ほかのメモに追加するかをタップして指定します❹。文章を入力して一緒に送ることもできます❺。［保存］をタップします❻。これで「メモ」アプリに保存されます。

❹ タップしてメモのページを指定します
❺ 文章を入力できます
❻ タップします

---

3 メールに添付して送る

手順1の画面で［メール］をタップすれば
❼、この写真を添付したメールを送ること
ができます❽。

 Point 共有の便利な使い方

たとえばWebブラウザの「Safari」で買
いたいものを見つけたら「リマインダー」
に共有して忘れないようにしたり、「マッ
プ」アプリから現在地や目的地をほかの人
に送るなど、便利な使い方がたくさんあり
ます。

❼ 手順1の画面で［メール］をタップします

❽ 写真をメールに
添付して送れます

4 ほかのアプリに送る

手順1の画面に送りたいアプリのアイ
コンがない時は、右端にスクロールして［そ
の他］をタップします❾。この後、アプリ
のリストが表示されるので、タップして選
択します。ただしすべてのアプリに送れる
わけではなく、対応しているアプリに限り
ます。

❾ タップします

5 アプリに送る以外の方法もある

ほかのアプリに送る以外の方法も、手順4
の画面の下の方にあります。タップして選
択します❿。ここに表示される項目は、共
有元のアプリやiPadにインストールされ
ているアプリにより異なります。

❿ さまざまな活用方法があります

Chapter 2 ［印刷］
印刷するには

撮影した写真や保存されている書類、WebページなどをiPadから印刷するには2つの方法があります。iPadOSの機能を利用する方法と、各メーカーのプリンタ専用アプリを使う方法です。

基本 ───●── 応用

趣味 ─────●─ 実用

iPadOSの機能を利用して印刷する

iPadOSの機能を利用して印刷するには、Wi-Fi（無線LAN）を搭載し、「AirPrint」に対応したプリンタが必要です。「Safari」や「メール」など、多くのアプリから印刷できます。

> **Point** プリンタメーカーの アプリを使う
>
> ここで紹介する方法のほかに、App Storeからプリンタメーカーが公開している専用アプリを入手し、そのアプリから印刷する方法もあります。複合機のプリンタでは、専用アプリからスキャナの機能を使えることもあります。

印刷を始める

アプリでプリントしたいものを表示します。この図は「Safari」です。⬆をタップし❶、下へスクロールして［プリント］をタップします❷。

> **Point** 同じWi-Fiネットワークに接続
>
> iPadOSの機能とプリンタ専用アプリのどちらから印刷する場合も、iPadとプリンタを同じWi-Fiネットワークに接続します。

❶ タップします

❷ タップします

3 プリンタを選択する

初めて使う時はプリンタを選択します。
[プリンタ] をタップすると❸、同じネットワーク内にあるAirPrint対応プリンタが表示されるので、タップして選択します❹。

4 印刷を実行する

印刷部数を [−　+] をタップして設定します❺。そのほかの項目をタップして設定します❻。[プリント] をタップすると印刷が始まります❼。

5 印刷を確認する

印刷中にホームボタンを2回すばやく押すか、画面のいちばん下から上へスワイプするとアプリスイッチャーの画面になり❽、[プリントセンター] があります。これをタップすると、印刷の状況を確認したり、途中でキャンセルしたりすることができます❾。確認やキャンセルの必要がなければ、[プリントセンター]を表示しなくて構いません。

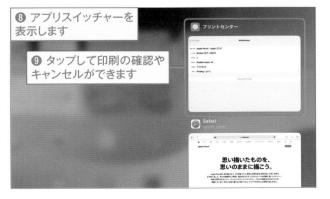

Chapter 2 ［Siri］

Siriを使って
音声で操作するには

「Siri（シリ）」はAppleのパーソナルアシスタント機能の名前です。ここではSiriの代表的な機能として、話し言葉でiPadを操作する方法を紹介します。

基本 ├─┼─●─┼─┤ 応用
趣味 ├─┼─┼─┼●┤ 実用

1 Siriの設定をする

「設定」の［Siriと検索］をタップします❶。Siriを起動するための方法として、［"Hey Siri"を聞き取る］と［トップボタン（またはホームボタン）を押してSiriを使用］のどちらか、または両方をオンにします❷。"Hey Siri"を初めてオンにする時は、自分の声と話し方を登録する画面が開きます。

❶ タップします　　❷ 使うものをオンにします

Point ロック中でも操作できてしまう！

［ロック中にSiriを許可］をオンにしていると、パスコードを入力しなくてもSiriの機能の一部を利用できます。たとえば「予定を作成」と話しかけると「カレンダー」アプリに予定を作成できます。ほかの人にこのような操作をされたくない場合は、オフにしておきましょう。

2 Siriを起動して話しかける

手順1の設定に応じて、「Hey Siri（ヘイ、シリ）」と話しかけるか、トップボタンまたはホームボタンを長く押してSiriを起動し、話しかけます❸。答えが返ってきた後、その答えをタップすると該当するアプリが起動し、詳しい情報を見ることができます❹。

❸ Siriを起動して話しかけます

❹ タップしてアプリを起動します

Point 続けて別の質問をする

答えが返ってきた後で右下のSiriのアイコンをタップすると、別の質問を話しかけることができます。

Siriでできることを調べる

「何ができるの？」と尋ねると、話しかけ方の例が表示されます❺。「さらに表示」をタップすると別の例が表示され、[Siriの詳しい情報] という項目もあります❻。それをタップすると、「Safari」でAppleのWebページが開き、使い方の例を見ることができます。

❺ 「何ができるの？」と話しかけます

❻ タップするとさらに詳しく見ることができます

位置情報を利用する

「近くのイタリアンレストランは？」など、位置情報に関連する検索にも利用できます。この使い方をするには「設定」の [プライバシーとセキュリティ] をタップし❼、[位置情報サービス] をタップします❽。

 Point アプリを使っている時でもOK

手順2と3ではホーム画面でSiriを使っている図を掲載していますが、アプリを使っている時もSiriを起動して使うことができます。

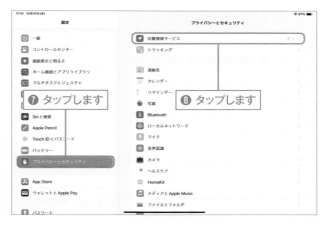

❼ タップします

❽ タップします

位置情報の利用を許可する

[Siriと音声入力] をタップします❾。次の画面で [このアプリの使用中] をタップして、Siriで位置情報を利用できるようにします❿。

 Point Siriにはアプリを提案する機能などもある

SiriはAppleのパーソナルアシスタント機能の名称で、話し言葉を聞き取る以外に、使用中のタイミングに応じてアプリを提案する機能などもあります。そのため、前ページ手順1の画面には提案に関する設定もあります。

❾ タップします

❿ 次の画面で許可します

Chapter 2 ［スクリーンショット］

画面をそのまま記録するには

Pro　Air　iPad　mini

画面に表示されている内容を記録しておきたい時に、画面をそのまま写真に撮るかのように保存することができます。これを「スクリーンショット」と言います。

基本 ├──●──┼──┤ 応用

趣味 ├──┼──┼─●─┤ 実用

---

1 本体の２つのボタンを押す

記録したい画面が表示されている状態で、トップボタンとホームボタンを同時に押します。ホームボタンがないiPadでは、トップボタンと音量ボタンのどちらかを同時に押します❶。

> **Point** スワイプして記録する
>
> 指やApple Pencilで画面の左下か右下から斜め上へスワイプして記録することもできます。「設定」の［マルチタスクとジェスチャ］→［指で隅からスワイプ］と、「設定」の［Apple Pencil］で設定します。スワイプの操作をすると、次ページ手順3の画面になります。

❶ ２つのボタンを同時に押します

---

2 このまま保存するか縮小表示をタップする

記録され、左下隅に縮小された画面が表示されます。操作せずに少し待っていると、この画像が「写真」アプリに保存され、縮小表示は消えます❷。保存する前に加工したい時は、この縮小表示をタップします❸。

❷ このまま待つと自動保存されます

❸ 加工する時にタップします

3 加工する

枠をドラッグすると、周囲を切り取ることができます❹。⬚をタップしてから❺、筆記具や色をタップして選択し❻、ドラッグしてメモなどを書き込むこともできます❼。

❹ 枠をドラッグして
周囲を切り取ります

❺ ⬚ をタップ
します

❻ 筆記具や色をタップ
して選択します

❼ ドラッグして
書きます

4 保存する

加工が終わったら［完了］をタップし❽、
［″写真″に保存］をタップします❾。

❽ タップします

❾ タップします

 Point 保存せずに削除する

思い通りに記録されていない場合は、ここで［1枚のスクリーンショットを削除］をタップすれば、「写真」アプリには保存されず、削除されます。

5 「写真」アプリで見る

このようにして記録したスクリーンショットは「写真」アプリに保存されます。「写真」アプリを起動し、［ライブラリ］または［スクリーンショット］をタップすると❿、保存したスクリーンショットを見ることができます⓫。「写真」アプリの詳細はChapter 6を参照してください。

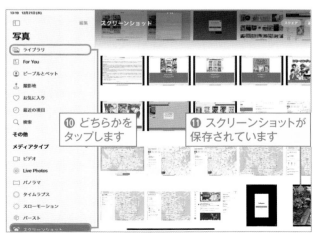

❿ どちらかを
タップします

⓫ スクリーンショットが
保存されています

Chapter 2 ［通知］
アプリから通知を受けるには

新しいメールやメッセージが届いた、「リマインダー」で設定した日時になったなどの通知を受けることができます。

Pro　Air　iPad　mini

基本 ├──●──┼──┼──┤ 応用
趣味 ├──┼──●──┼──┤ 実用

1 通知を受けるかどうか決める

アプリを初めて起動した時に、このようなメッセージが表示されることがあります。通知を受けるには、[許可] をタップします❶。この設定は後から変更できます（70ページ参照）。

"LINE" は通知を送信します。よろしいですか？

通知方法は、テキスト、サウンド、アイコンバッジが利用できる可能性があります。通知方法は "設定" で設定できます。

許可しない　　許可

❶ 通知を受けるならここをタップします

2 通知がバナーで表示される

通知を受ける設定にしたアプリからの通知があると、画面の最上部に表示されます❷。これをバナーと呼びます。タップするとそのアプリに切り替わり、通知された内容を表示できます❸。

❷ 通知は最上部に表示されます

❸ タップするとこの通知のアプリに切り替わります

3 バナーから返信する

アプリによっては、バナーから操作ができます。たとえば「メッセージ」アプリの通知は、下方向へ少しスワイプすると返信欄が表示され④、アプリを切り替えなくても返信できます⑤。アプリにより、バナーからできる操作は異なります。

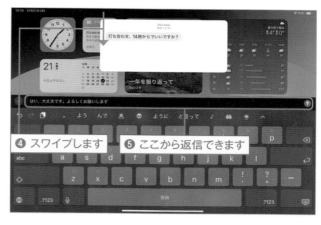

④ スワイプします　⑤ ここから返信できます

4 自動で消えないバナーもある

バナーには、少し経つと自動で消えるタイプと消えないタイプがあります。どちらのタイプも、上へスワイプすると消えます⑥。どちらのタイプにするかは選択できます。70ページを参照してください。

⑥ スワイプすると消えます

5 ロック画面に通知されることもある

ロック画面でこのように表示されることもあります。通知をタップし、ロックを解除すると、このアプリが開いて内容を見ることができます⑦。

 Point 通知に内容を表示しない

セキュリティやプライバシーの保護のため、通知の内容を表示しない設定にすることができます。「設定」の［通知］で、［プレビューを表示］をタップして設定します。

⑦ タップしてロック解除するとアプリを確認できます

Chapter 2 ［通知センター］

通知を
まとめて見るには

受けた通知を、通知センターでまとめて見ることができます。通知センターは、どのアプリを使っている時でも表示できます。通知からアプリを開いたり、通知に関する設定を変更したりする機能があります。

基本 ├──┼──●──┼──┤ 応用

趣味 ├──┼──┼──●──┤ 実用

1 通知センターを表示する

どのアプリを使っている時でも、画面のいちばん上から下へスワイプすると通知センターが表示されます❶。これまでに受けた通知のうち、通知センターに表示する設定にしているアプリ（70ページ参照）の通知が表示されます。通知センターから通常の画面に戻るには、画面のいちばん下から上へスワイプします❷。または、ホームボタンのあるiPadではホームボタンを押します。

> **Point** ロック画面の
> 通知の操作も同様
>
> ここでは通知センターの操作を解説していますが、ロック画面に表示されている通知も同様に操作できます。

❶ スワイプして通知センターを表示します

❷ スワイプして通常の画面に戻ります

2 通知を見る

初期設定では通知は自動でアプリごとにグループ化され、重なっているように表示されます❸。重なっている通知をタップするとこのアプリの通知がすべて表示されます❹。重なっていない通知をタップするとそのアプリに切り替わります❺。ただし65ページ手順5のコラムで解説した設定でプレビューの表示を「しない」にしている場合、重なった通知をタップするとそのアプリで内容が表示されます。

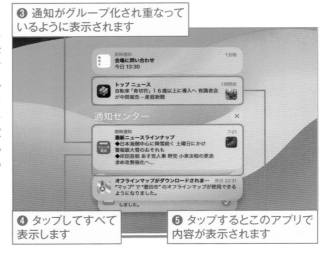

❸ 通知がグループ化され重なっているように表示されます

❹ タップしてすべて表示します

❺ タップするとこのアプリで内容が表示されます

3 通知を消す

アプリごとに通知を消すには、通知を左へスワイプし**❻**、[消去]または[すべて消去]をタップします**❼**。または、勢いよく左へスワイプするとすぐに消去されます。通知センターの通知をすべて消すには、⊗をタップし、このボタンが[消去]と変わったらもう一度タップします**❽**。

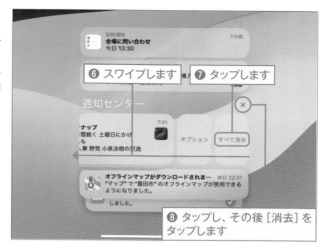

❻ スワイプします　**❼ タップします**

**❽ タップし、その後 [消去] を
タップします**

4 通知の設定を管理する

アプリの通知の設定を変更したい時は、通知を左へスワイプし**❾**、[オプション]をタップします**❿**。

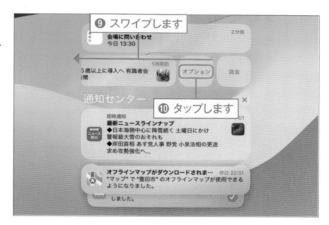

❾ スワイプします

❿ タップします

5 通知の設定をする

1時間または今日、通知を停止できます**⓫**。[設定を表示]をタップすると「設定」が開きます**⓬**。[オフにする]をタップするとこのアプリからの通知がオフになります**⓭**。このメニューに表示される項目は、アプリにより異なります。

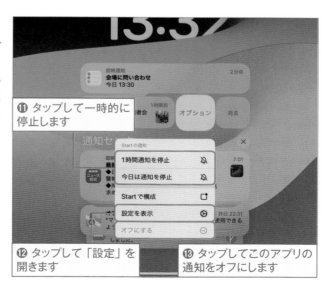

**⓫ タップして一時的に
停止します**

**⓬ タップして「設定」を
開きます**　**⓭ タップしてこのアプリの
通知をオフにします**

Chapter 2 ［集中モード］

通知を制御するには

Pro Air iPad mini

仕事に集中したい時やプライベートな時間を楽しんでいる時にiPadに通知が来ると、気をとられてしまいます。とは言え、重要な通知が届かないのも困ります。このような場合に、集中モードで通知を制御できます。

基本 |—┼—┼—●—| 応用

趣味 |—┼—●—┼—| 実用

1 設定を開く

「設定」を開き、［集中モード］をタップします❶。本書では例として［仕事］をタップして設定します❷。

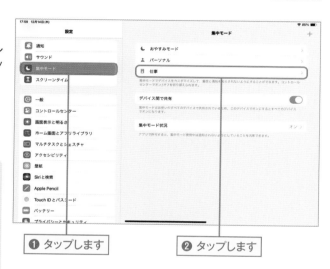

❶ タップします

❷ タップします

Point デバイス間で共有

この画面で［デバイス間で共有］のスイッチをオンにすると、このデバイスで集中モードを開始した時に、同じApple IDでiCloudにサインインしているデバイスがすべて同じ集中モードになります。

2 通知を受ける設定を始める

集中モードをオンにすると通知が表示されなくなり通知センターのみに表示されますが、例外として通知を受ける人やアプリを設定できます。まず通知を受ける人を設定するために［連絡先］をタップします❸。

❸ タップします

Point ホーム画面で気が散らないようにする

仕事に使うアプリだけを集めたホーム画面のページやウィジェットを配置したロック画面を作っておきます。［画面をカスタマイズ］の［選択］をタップしてその画面を選択すると、ほかのアプリが目に入らなくなります。

3 通知を受ける相手を設定する

一部の人からの通知を受ける場合、[通知を許可] をタップします❹。[+] をタップし、次の画面で「連絡先」アプリに登録されている人の中から通知を受ける人を選択します❺。通話の着信を受けるかどうかも、タップして設定できます❻。上部の [<"仕事" 集中モード] をタップすると、手順2の画面に戻ります。

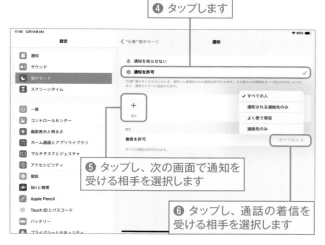

❹ タップします

❺ タップし、次の画面で通知を受ける相手を選択します

❻ タップし、通話の着信を受ける相手を選択します

4 通知を受けるアプリを設定する

手順2の画面で[アプリ]をタップします❼。一部のアプリからの通知を受ける場合、[通知を許可] をタップします❽。[+] をタップし、次の画面で通知を受けるアプリを選択します❾。[即時通知] をオンにしておくと、70ページで解説するように即時通知が有効になっているアプリからの通知を受けられます❿。

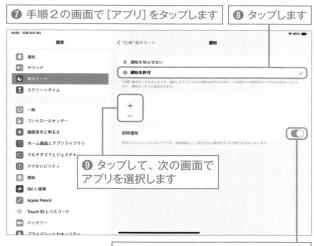

❼ 手順2の画面で [アプリ] をタップします

❽ タップします

❾ タップして、次の画面でアプリを選択します

❿ オンにすると即時通知のアプリから通知を受けられます

5 集中モードを開始する

コントロールセンターを表示し（126ページ参照）、[集中モード] をタップします⓫。[仕事]をタップするとこのモードがオンになります⓬。[…] をタップすると、1時間だけオンにするなどの設定ができます⓭。

> **Point** 集中モードをオフにする
>
> 集中モードをオフにするには、右側の画面を表示し、オンになっているモードをタップします。

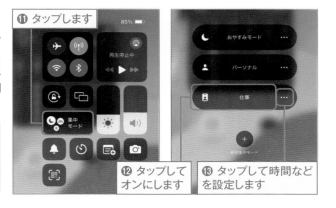

⓫ タップします

⓬ タップしてオンにします

⓭ タップして時間などを設定します

Point 通知を設定する

通知の可否や通知の表示はいつでも変更できます。「設定」を開き、[通知]をタップします❶。通知機能のあるアプリのリストが表示されます。設定を変更したいアプリをタップします❷。

❶「設定」を開いてタップします

❷ 変更するアプリをタップします

❸ 通知するかどうかを変更できます

通知を許可するかどうかをタップして変更できます❸。通知を許可する場合、[ロック画面] [通知センター] [バナー]のそれぞれについて、タップして表示のオン／オフを切り替えます❹。また、バナーがすぐ消えるか操作するまで消えないかを設定するには、[バナースタイル]をタップし❺、次に開く画面で[一時的]か[持続的]のどちらかをタップして設定します。

❹ タップしてオン／オフを切り替えます

❺ タップし、次の画面で[一時的]か[持続的]を選択します

アプリによっては[即時通知]の項目があり、タップしてオン／オフを設定できます❻。集中モード(68～69ページ)をオンにしている間も即時通知のアプリは通知を受ける設定にできます。また、このページのいちばん上の図にある[時刻指定要約]をタップすると通知を受ける時刻を指定できますが、即時通知をオンにするとそのアプリからはすぐに通知が届きます。

❻ タップしてオン／オフを設定します

Chapter 3

iPadに文字や絵を入力する

iPadは指先で画面に触れて操作します。文字を入力する場面では自動で画面にキーボードが現れ、キーに触れて入力します。絵も指先で描きます。また、指先以外の方法もあります。一般的なタッチペンやApple Pencil、外付けキーボードなどです。話し言葉で文字を入力する機能もあります。

Apple Pencilを使うには

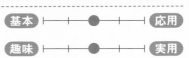

Apple Pencilは、Apple製のタッチペンです。対応アプリと組み合わせて使うと、力の入れ具合やペンの傾きに応じて線の濃さや太さが変わるなど、直感的に楽しめます。

基本 ├──┼──●──┼──┤ 応用
趣味 ├──┼──●──┼──┤ 実用

1 充電する

Apple Pencil（第1世代）は、ペン先の反対側のキャップをはずし、iPadのLightningコネクタに差し込みます。Apple Pencil（第2世代）は、iPad側面の磁気コネクタにくっつけます。Apple Pencil（USB-C）は、USB-C充電ケーブルでiPadと接続します（右図）。これで充電されます。

Point Apple Pencilの互換性

Apple Pencilには上記の3種類があり、iPadのモデルによって使える組み合わせが決まっています。また、iPad（第10世代）でApple Pencil（第1世代）を使うには、USB-C - Apple Pencilアダプタが必要です。

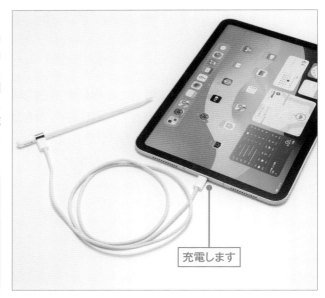

充電します

2 接続する

初めて充電する時に、接続を要求するダイアログが自動で開くことがあります。［ペアリング］をタップします❶。このダイアログが開くのは最初の1回だけです。これでApple Pencilを使える状態になります。

Point 手書き文字入力

初めて接続した時に、スクリブルという手書き文字入力機能の例が表示されることがあります。画面の指示に従って試してみましょう。スクリブルについては96ページを参照してください。

❶ タップします

3 Apple Pencilの バッテリー残量を見る

バッテリーのウィジェットをホーム画面や [今日の表示] に追加しておくと、Apple Pencilのバッテリー残量を確認できます 。ウィジェットについては44ページを参照してください。

Point 「設定」でも確認できる

「設定」を開き、[Apple Pencil] をタップして確認することもできます。

❷ ウィジェットでバッテリー 残量を確認できます

4 「メモ」を起動して 新規ページを作る

Apple Pencil対応のアプリなら、筆圧やペン先の傾きなどに応じて描いた結果が変わります。標準で付属しているアプリでは「メモ」がApple Pencilに対応しているので試してみましょう。ホーム画面で [メモ] をタップして起動します❸。☑ をタップして、新しいページを作ります❹。 ◎ をタップします❺。

❸ 「メモ」を起動します

❹ タップします

❺ タップします

5 ドラッグして描く

マーカーをタップして選択し❻、好みの色をタップして選択します❼。力の入れ具合やペンの傾きを変えて描いてみましょう❽。右の図で、青色の線（上の段）は力の入れ具合を変えて描いたもの、赤色の線（下の段）はペンの傾きを変えて描いたものです。◎ をタップすると描画を終了し、文字を入力できる状態に戻ります❾。

Point Apple Pencil（USB-C）は 筆圧感知ではない

Apple Pencil（第1世代）とApple Pencil（第2世代）は筆圧と傾きを感知しますが、Apple Pencil（USB-C）は傾きのみを感知し筆圧は感知しません。

❻ タップします

❼ タップします

❽ ドラッグして描きます

❾ タップして文字入力に戻ります

Chapter 3 ［お絵描きアプリ］

iPadで絵を描くには

iPadの画面は、絵を描くのにも十分な広さです。筆や鉛筆、ペンの使い分けも簡単です。無料でも、高性能なお絵描きアプリがあります。気軽に始めてみましょう。

1 新規制作を始める

本書では例として「アイビスペイントX」アプリを使います。このアプリをApp Storeからインストールし、起動します。起動したら［マイギャラリー］をタップします❶。次の画面で［＋］をタップし❷、用紙サイズをタップして選択します❸。

iP **アイビスペイントX**

価 無料 販 ibis inc.
Sie 94.3MB

❶ 起動したら ［マイギャラリー］ をタップします　❷ タップします

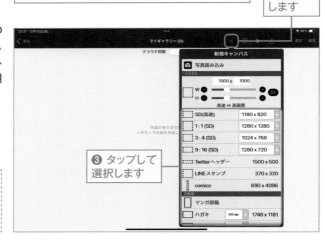

❸ タップして選択します

2 ブラシで描く

［ブラシ］をタップして選択し、もう1回タップします❹。ペンの種類をタップして選択し❺、設定をドラッグして調整します❻。この後、■をタップして色を選択します❼。

❹ タップし、もう1回タップします

❺ タップして選択します

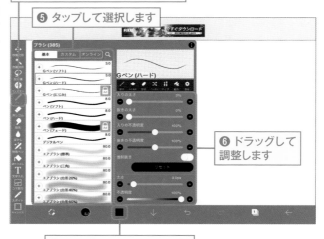

❻ ドラッグして調整します

❼ タップして色を選択します

3 描いたり消したりする

ブラシの太さ⑧と色の濃さ⑨をドラッグして設定します。その後、ドラッグして描きます。うまく描けなかった時は、[消しゴム]をタップしてからこするようにドラッグして消すか⑩、をタップして操作を取り消します⑪。

Point 有料のオプションでさらに楽しめる

このアプリは無料でも十分楽しめますが、月額または年額の料金を支払うと高機能フィルタや広告非表示など多くのメリットが得られます。

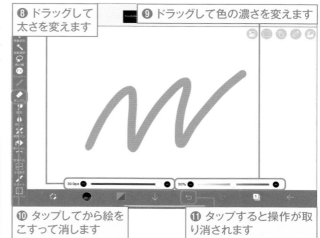

⑧ ドラッグして太さを変えます

⑨ ドラッグして色の濃さを変えます

⑩ タップしてから絵をこすって消します

⑪ タップすると操作が取り消されます

4 レイヤーを使う

をタップし⑫、[+]をタップすると、レイヤーが追加されます⑬。これから描くレイヤーをタップして選択してから描きます⑭。≡を上下にドラッグしてレイヤーの重なりの順序を変更できます⑮。

Point レイヤーとは?

レイヤーとは、透明のシートを重ね合わせて1枚の絵に仕上げていくものです。たとえば下のレイヤーに背景を、上のレイヤーに対象物を描けば、きれいに重ね合わせることができますし、後から背景か対象物のどちらかだけを描きなおすのも簡単です。

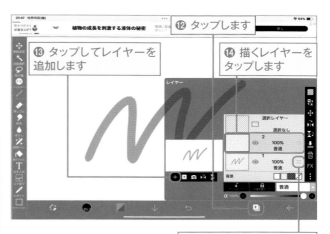

⑫ タップします

⑬ タップしてレイヤーを追加します

⑭ 描くレイヤーをタップします

⑮ ドラッグして重なり順を変えられます

5 終了する

描き終えたり中断したりするときは、←をタップし⑯、[マイギャラリーに戻る]をタップします⑰。これで手順1の画面に戻り、新しい絵を描いたり中断した絵を再び編集したりすることができます。

⑯ タップします

⑰ タップします

Chapter 3 ［絵の読み込みとグラフィックアプリ］

ぬりえを楽しむには

年齢を問わずに楽しめるぬりえが人気です。iPadの大きく美しい画面を活かしてぬりえをしてみてはいかがでしょうか。

基本 ├────────●──┤ 応用
趣味 ●────────────┤ 実用

1 線画をアプリに読み込む

252ページの説明に従って線画のサンプルをダウンロードし「写真」アプリに保存します。本書では「MediBang Paint for iPad」アプリをApp Storeからインストールし、起動します。[新しいキャンバス]をタップし❶、[画像を選択してインポート]をタップします❷。この後、「写真」アプリの項目が表示されるので、保存した線画を選択します。線画抽出するかどうかのメッセージが表示された場合は、[線画抽出しない]をタップします。

 MediBang Paint for iPad

価 無料 販 MediBang inc. Size 135.2MB

❶ タップします ❷ タップします

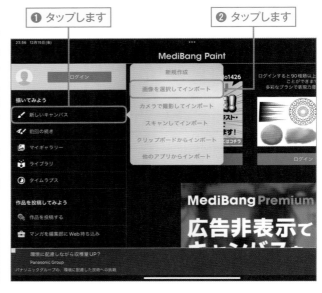

2 レイヤーを追加する

線画を誤って消してしまったりすることのないよう、レイヤーを追加して色を塗りましょう。[+]をタップし❸、[カラーレイヤー]をタップします❹。

Point 「写真」アプリへのアクセス

手順1で初めて線画を読み込む時に、「写真」アプリへの許可を求めるダイアログが開きます。[フルアクセスを許可]をタップします。

❸ タップします

❹ タップします

3 レイヤーの設定をする

[Layer1]（線画のレイヤー）をタップして選択し❺、[ロック]をタップしてロックをかけます❻。その後、[Layer2]をタップして選択し、このレイヤーに色を塗っていきます❼。

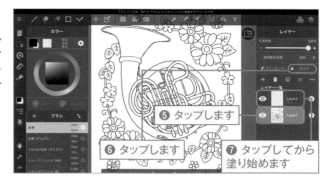

❺ タップします

❻ タップします

❼ タップしてから塗り始めます

4 ブラシで塗る

をタップし❽、使いたいブラシをタップします❾。ブラシの太さや透明度を変えたい時は［ブラシ設定］をタップします❿。色合いをタップし⓫、その色の明るさをタップして選択します⓬。絵の上でドラッグして色を塗ります。塗った色の一部を消したい時は、をタップして選択し、消したい部分をドラッグします⓭。

Point 筆圧検知

使うペンによっては、筆圧検知がオンになっていると使えないことがあります。その場合は、左側にあるをタップして、次の画面で筆圧検知をオフにします。

❽ タップします

❾ タップします

❿ タップしてブラシの設定を変えます

⓫ タップします

⓬ タップします

⓭ タップしてからドラッグして消します

5 この作品を閉じる

直前の動作を取り消したい時は、をタップします⓮。終了や中断をする時は、をタップし⓯、［キャンバスを閉じる］をタップします⓰。この後、［保存して移動］をタップします。

Point 完成見本を見ながら塗る

252ページの見本を写真に撮るかファイルを「写真」アプリに保存し、28ページで解説したようにSplit Viewで左右に並べて、見本を見ながら塗っていくことができます。

⓯ タップします

⓮ タップして直前の動作を取り消します

⓰ タップします

Chapter 3［イラストを描くアプリ］

なぞり描きで
イラストを練習するには

Pro　Air　iPad　mini

なぞり描きでイラストを練習すると、線の描き方や形のとらえ方などが
上達しやすいと言われています。iPadのグラフィックアプリなら、レイ
ヤー機能を用いて気軽に何度でも練習できます。

基本 ├──┼──┼──●──┤ 応用
趣味 ●──┼──┼──┼──┤ 実用

1 下絵を読み込む

252ページの説明に従って下絵のイラス
トをダウンロードし、「写真」アプリに保
存します。「Sketchbook®」アプリをApp
Storeからインストールして起動し、▦
をタップします❶。次に開く画面で、▦を
タップします❷。すると「写真」アプリの
項目が表示されるので、下絵のイラストを
タップして選択します。その後、［完了］を
タップします❸。

Sketchbook®

価 無料　販 Sketchbook, Inc.
Sto 140.9MB

❶ タップします

❷ タップします

❸ 「写真」アプリから下絵を
選択した後、タップします

2 下絵の濃さを調節する

読み込まれた下絵のレイヤーをタップし
ます❹。［不透明度］のスライダをドラッグ
して、なぞり描きしやすい濃さに調整しま
す❺。

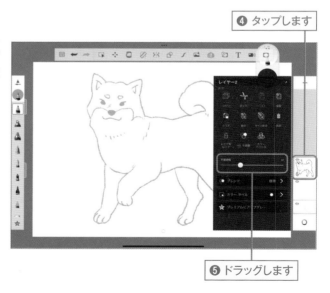

❹ タップします

❺ ドラッグします

3 レイヤーの重なり順を変える

もともとあった白紙のレイヤーを長く押してからドラッグして、下絵のレイヤーの上に移動します❻。この後、上に移動した白紙のレイヤーをタップして選択し、描いていきます。

❻ ドラッグして下絵の上に移動します

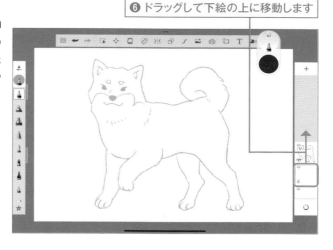

4 ツールや色を選んで描く

好みのツールをタップし、もう1回タップして❼、詳しく設定します❽。また、色の部分をタップして好みの色を選択します❾。その後、下絵をなぞって描いていきます。ある程度描けたら、下絵を非表示にして仕上がりを確認してみましょう。下絵のレイヤーにある目のアイコンをタップします❿。

❼ タップし、もう1回タップします

❽ 設定します

❾ タップして色を選択します

❿ ある程度描いたらタップします

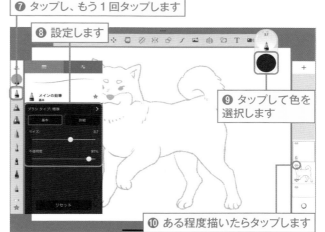

5 イラストを仕上げる

自分で描いたレイヤーだけが表示されました。再度、目のアイコンをタップすると、下絵が表示されます⓫。終了や中断をする時は、▤をタップし⓬、[保存] をタップします⓭。次に表示されるメニューで [ギャラリーに保存] をタップします⓮。その後、この図のメニューで [ギャラリー] をタップすると、保存した絵のギャラリーが表示されます。

⓫ タップすると下絵が表示されます

⓬ タップします

⓭ タップします

⓮ 次に表示されるメニューで [ギャラリーに保存] をタップします

Chapter 3 ［書道アプリ］

書道のシミュレーションを 楽しむには

Pro　Air　iPad　mini

書道のシミュレーションも、iPadでできます。指先でも楽しめますが、Apple Pencilを使うとよりリアルな感覚で書くことができます。

基本 ├──┼──●──┼──┤ 応用

趣味 ●──┼──┼──┼──┤ 実用

1 アプリを起動して 設定を始める

書道を再現するアプリとして本書では「Zen Brush 3」を使います。このアプリをApp Storeから購入し、アイコンをタップして起動します。起動したら🔳をタップし❶、[設定]をタップします❷。

❶ ここにある 🔳 をタップします

❷ タップします

Zen Brush 3

💰 700円　販 P SOFTHOUSE Co., Ltd.
容量 168.1MB

2 指先かApple Pencilかを 設定する

[タッチ]をタップします❸。指先を使うか、Apple Pencilだけを使うかに応じて、どちらかをタップして選びます❹。Apple Pencilを使う場合、筆圧や傾きの感度も好みに応じて変えられます❺。設定できたら⊠をタップします❻。

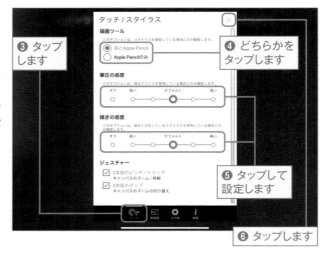

❸ タップします

❹ どちらかを タップします

❺ タップして 設定します

❻ タップします

3 墨の色などを選んで書く

黒をタップするか、朱色の部分をタップしてからもう一度タップして色を選択します❼。筆の太さをタップして設定します❽。墨の濃さと❾、墨の水分の加減もタップして選択します❿。ドラッグして書きましょう⓫。

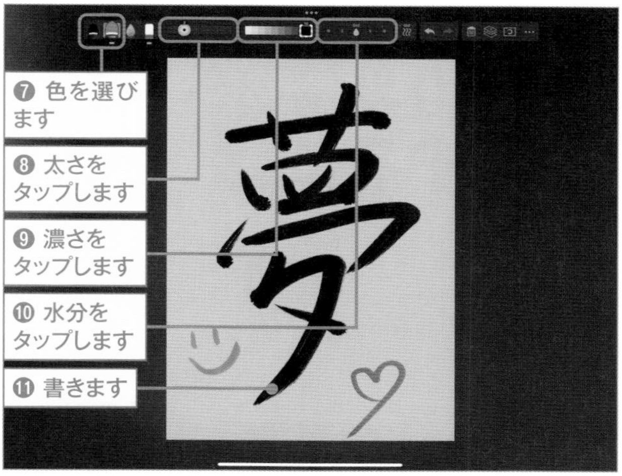
❼ 色を選びます
❽ 太さをタップします
❾ 濃さをタップします
❿ 水分をタップします
⓫ 書きます

Point 手本を見ながら書く

本書253ページの手本をiPadのカメラで撮影し、「写真」アプリとこのアプリをSplit Viewで表示すると（28ページ参照）、手本を見ながら書くことができます。

4 書いたものを消す

をタップすると、直前の操作を取り消せます⓬。をタップして選択し⓭、書き間違えた部分などをドラッグすると、消すことができます⓮。消した後は水で濡れたような状態になり、だんだん乾いていきます。すぐに乾かしたい時はをタップし、メニューが表示されたら乾かし方をタップします。すべて消す場合は、をタップします⓯。

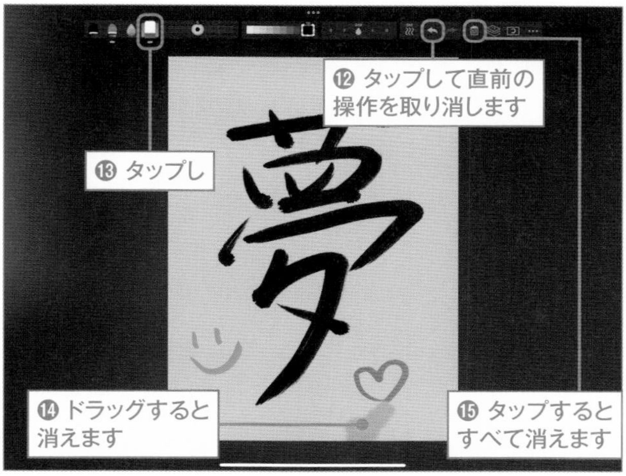
⓬ タップして直前の操作を取り消します
⓭ タップし
⓮ ドラッグすると消えます
⓯ タップするとすべて消えます

5 保存する

右上のをタップし⓰、［新規保存］をタップするとこのアプリのデータとして保存されます⓱。このようにして保存したデータは、［開く］をタップしてこのアプリで再度開くことができます⓲。この図のメニューで［書き出し］をタップし、次の画面で［画像を保存］をタップすると、「写真」アプリに保存されます。

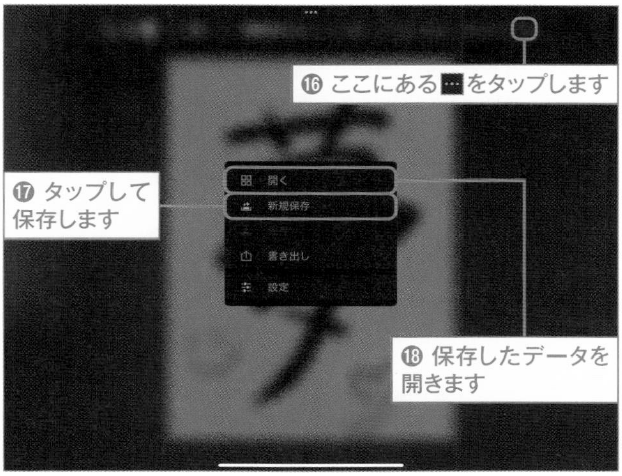
⓰ ここにあるをタップします
開く
新規保存
書き出し
設定
⓱ タップして保存します
⓲ 保存したデータを開きます

Chapter 3 ［文字入力］

画面のキーボードで入力するには

文字を入力しようとすると、自動でキーボードが表示されます。さまざまなモードで入力できるので、好みに応じて使いましょう。iPadのモデルにより、キーの配列が少し異なります。

基本 ●━━┼━━┼━━┼━ 応用
趣味 ┼━┼━┼━━━● 実用

▶ キーボードを切り替える

1 ［日本語かな］キーボード

図は「メモ」アプリですが、文字入力の方法はどのアプリでも共通です。キーボードの種類は、⌨を長く押し❶、使いたいものをタップして切り替えます❷。右の図は［日本語かな］キーボードです❸。ここに［日本語かな］がない場合は、84ページを参照してください。

Point タップでも切り替えられる

⌨を長く押す代わりに、タップして切り替えることもできます。タップするたびに異なるキーボードが順番に表示されます。

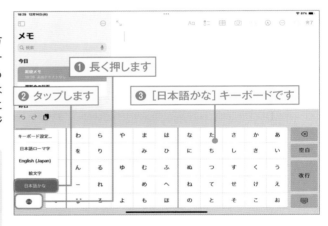

❶ 長く押します
❷ タップします
❸ ［日本語かな］キーボードです

2 ［English（Japan）］と［日本語ローマ字］キーボード

［English（Japan）］と［日本語ローマ字］は、パソコンのキーボードと似たキー配置のキーボードです。上の図がアルファベットを入力するための［English］❹、下の図が［日本語ローマ字］キーボードです❺。よく似ていますが、文字のキーの上にある入力候補の欄などが少し違います。

Point モデルにより
キー配列が異なる

キー配列はiPadのモデルにより少し異なります。この章では2022年発売のiPad（第10世代）の図を掲載しています。

❹ ［English（Japan）］キーボードです

❺ ［日本語ローマ字］キーボードです

3 [ABC] [☆123] キーなどで 切り替える

キーボードに表示されていない数字や記号を入力したい時は、[ABC] や [☆123] などのキーをタップして、文字種を切り替えます❻。

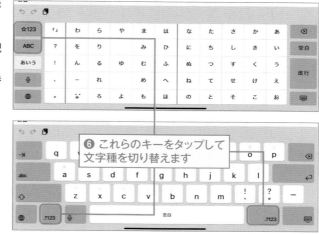

❻ これらのキーをタップして 文字種を切り替えます

4 数字などをすばやく入力する

たとえば [q] キーには、「q」の上にグレーで「1」と書かれています。[q] キーを少し下へスワイプすると❼、「1」を入力できます。

❼ スワイプします

5 アルファベットの大文字を入力する

英語キーボードを使っている時、⇧ をタップすると、大文字を入力できます❽。大文字を1文字入力すると、自動で解除されます。

Point Caps Lock と解除

何文字か続けて大文字を入力したい時は、⇧ をダブルタップすると、このキーが⬆に変わります。パソコンで Caps Lock キーがオンになっているのと同じ状態です。この状態の間は大文字を入力できます。このキーをもう一度タップすると解除されます。

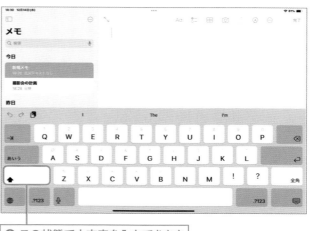

❽ この状態で大文字を入力できます

► フローティングキーボード

1 英語とローマ字の フローティングキーボード

フローティングとは「浮いている」という意味です。▦を長く押し❶、そのまま指を滑らせて［フローティング］を選択します❷。下部を上下左右にドラッグして好きな位置へ移動できます❸。下部をドラッグして画面のいちばん下、左右方向の中央あたりへ移動すると、通常のキーボードに戻ります❹。

❶ 長く押します

❷ 選択します

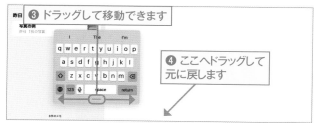

❸ ドラッグして移動できます

❹ ここへドラッグして 元に戻します

2 日本語かなの フローティングキーボード

日本語かなをフローティングキーボードにすると、テンキータイプに変わります。入力方法はiPhoneやその他多くのスマートフォンに似ています。たとえば「あ」のキーを1回押すと「あ」、2回押すと「い」を入力できるほか、「あ」を長く押し、そのまま指を上下左右に滑らせてあ行の文字を入力することもできます❺。変換候補が上に表示されるので、タップして選択します❻。

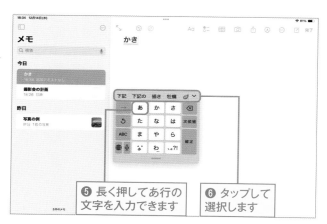

❺ 長く押してあ行の 文字を入力できます

❻ タップして 選択します

► キーボードの種類を設定する

1 キーボードの設定を開く

82ページ手順1のメニューに使いたいキーボードが表示されない場合や、反対に使わないキーボードを非表示にしたい場合は、ホーム画面で［設定］をタップして起動します。［一般］をタップし❶、［キーボード］をタップします❷。次の画面でいちばん上にある［キーボード］をタップします❸。

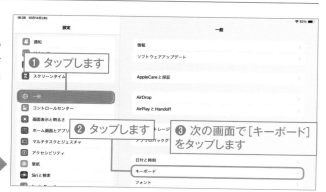

❶ タップします

❷ タップします

❸ 次の画面で［キーボード］ をタップします

キーボードを追加する

2

右図の例では［日本語 － かな入力］キーボードがありません。追加しましょう。［新しいキーボードを追加］をタップします❹。

Point キーボードの並び順を変える

右図で、右上にある［編集］をタップすると、［日本語 － ローマ字入力］などのキーボード名の右端を上下にドラッグして、82ページ手順1に示したメニューの並び順を変更できます。

キー配列を選んで追加する

3

［日本語］をタップします❺。次の画面で［かな入力］をタップしてチェックを付け❻、［完了］をタップします❼。これで、かな配列のキーボードを使えるようになります。

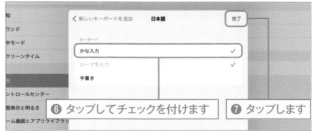

使わないキーボードを削除する

4

反対に使わないキーボードを削除するにするには、そのキーボードを左へスワイプし❽、［削除］が表示されたらタップします❾。

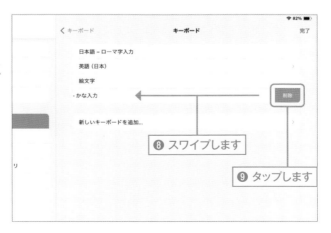

Chapter 3 ［文字変換］

入力効率を
アップするには

変換候補を一覧で見て探すことができます。また、入力して変換しても候補に現れない言葉や短文は、ユーザ辞書に登録すると便利です。

基本 ●―┼―┼―┼― 応用
趣味 ┼―┼―┼―● 実用

▶ 変換候補を見る

1 候補の中から選ぶ

日本語入力では、文字を入力するごとに❶、変換候補が表示されます❷。横にスワイプすると、ほかの候補を見ていくことができますが❸、一覧で見たい場合は∧をタップします❹。

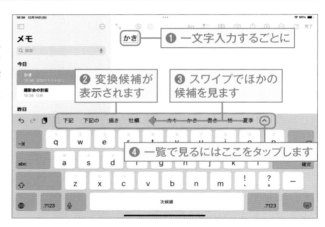

❶ 一文字入力するごとに

❷ 変換候補が表示されます

❸ スワイプでほかの候補を見ます

❹ 一覧で見るにはここをタップします

2 候補の一覧から探す

表示された一覧で候補がたくさんある時は上下にスワイプし、スクロールして探します❺。目的のものが見つかったらタップして入力します。

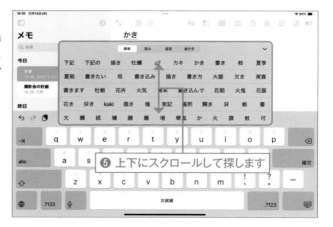

❺ 上下にスクロールして探します

▶ 変換されない語句をユーザ辞書に登録する

1 表示されている語句から登録する

登録したい語句の範囲を選択します❶。[>] をタップします❷。この後、メニューに [ユーザ辞書] が表示されたらタップします❸。語句を選択する操作は90ページで解説しています。

❶ 語句を選択します

❷ タップします

❸ この後、[ユーザ辞書]をタップします

2 [単語]と[よみ]を設定する

変換後の語句となる[単語]と❹、キーボードで入力する文字となる[よみ]を確認し、必要に応じて入力、修正します❺。[保存]をタップして登録します❻。

> **Point** メールアドレスなどの登録も便利
>
> よく入力するメールアドレスや住所などをユーザ辞書に登録してもよいでしょう。[よみ]に「めーる」など、自分がわかりやすいものを設定しておきます。

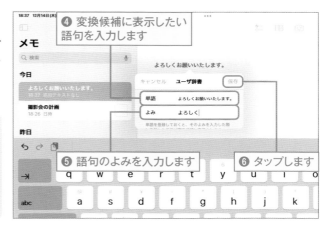

❹ 変換候補に表示したい語句を入力します

❺ 語句のよみを入力します

❻ タップします

3 「設定」から登録する

メモやメールなどに表示されている文字からではなく、新たに入力して登録するには「設定」の[一般]→[キーボード]→[ユーザ辞書]とタップします。田をタップし❼、次の画面で単語とよみを入力して保存します。

❼ タップして語句を登録できます

Chapter 3 ［文字編集］

文字を編集するには

入力した文字は、指でタップしてカーソルを移動し、削除キーを使って消すことができます。ほかにも、操作の取り消しや範囲選択、カット・コピー&ペーストなど、文字の編集に欠かせない操作を紹介します。

基本 ●———┼———┼———┤ 応用
趣味 ├———┼———┼———● 実用

▶ カーソルを移動して削除する

1 押し続けると連続して削除できる

タップすると、その位置にカーソルが置かれます❶。⌫ をタップするとカーソルの前にある文字を消せます❷。何文字も連続して消去する時は ⌫ を押したままにすると速く消せます。

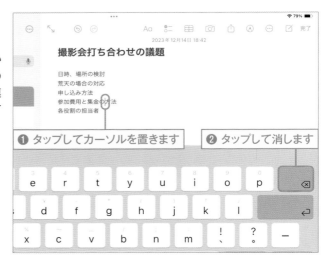

❶ タップしてカーソルを置きます　❷ タップして消します

2 カーソルが思い通りの位置にならない時は

タップしてカーソルを思い通りの位置に置けない場合は、押したまま指を滑らせて目的の位置にカーソルを移動します❸。なお92ページで別の操作を紹介しているので、試してみてください。

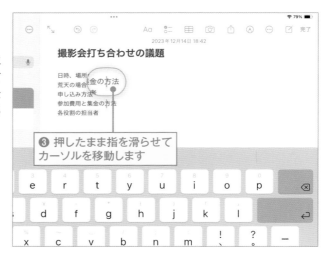

❸ 押したまま指を滑らせてカーソルを移動します

► 操作を取り消す

1 操作を取り消す

誤って文字を削除してしまった時などに、操作を取り消すことができます。3本指で左へスワイプすると❶、取り消せます。上部に[取り消す]と表示され、取り消されたことがわかります❷。

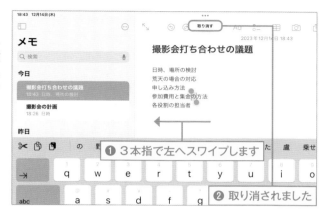

❶ 3本指で左へスワイプします

❷ 取り消されました

2 やり直す

取り消した後で元に戻すには、3本指で右へスワイプします❸。上部に[やり直す]と表示され、やり直されたことがわかります❹。

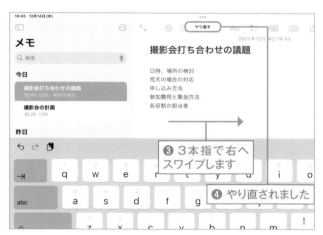

❸ 3本指で右へスワイプします

❹ やり直されました

3 メニューから操作する

アプリや操作の状況によっては、3本指でタップすると❺、上部にメニューが表示されることがあります。実行したい操作をタップして選択します❻。

❺ 3本指でタップします

❻ メニューが表示されたら、いずれかをタップします

▶ 範囲選択をする

1 ドラッグして選択する

次ページのカット・コピー&ペーストをする時などには、まず操作の対象となる範囲を選択します。テキストの任意の場所をダブルタップします❶。またはカーソルのある位置をタップし、メニューが表示されたら[選択]をタップします。その後、選択範囲の先頭と最後についているピンのアイコンをドラッグして選択します❷。

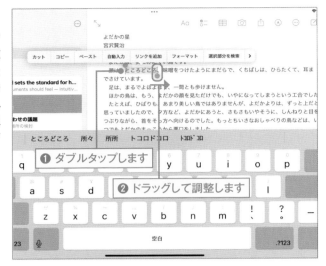

❶ ダブルタップします

❷ ドラッグして調整します

2 単語を選択する

1本指でダブルタップすると、英語の場合は1単語が選択されます❸。日本語の場合は単語がスペースで区切られていないので、正確に1単語が選択されるわけではありません。また、アプリによって動作が異なることがあります。

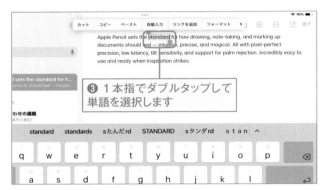

❸ 1本指でダブルタップして単語を選択します

3 段落を選択する

1本指ですばやく3回タップすると、1つの段落を選択できます❹。これも、アプリによっては動作が異なります。

 Point 文字列のドラッグ&ドロップ

選択した文字列を長く押し、浮かんだような状態になったらドラッグして移動できます。ただしアプリにより、移動になる場合とコピーになる場合があります。また、Split Viewなどで別のアプリや別のウインドウにドラッグ&ドロップすると、コピーになります。

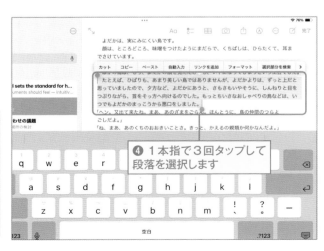

❹ 1本指で3回タップして段落を選択します

▶ カット・コピー＆ペーストをする

1 範囲選択してカットまたはコピーする

前ページの操作でカットまたはコピーしたい範囲を選択します❶。するとメニューが表示されるので、この範囲を切り取るなら［カット］、複製するなら［コピー］をタップします❷。

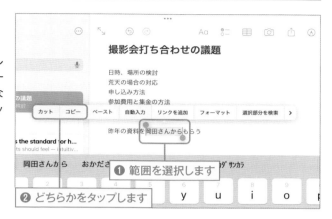

❶ 範囲を選択します

❷ どちらかをタップします

2 ペーストする

カットまたはコピーしたものを貼り付けたい位置にカーソルを置き、その場所をタップ（アプリによっては長押し）します❸。メニューが表示されたら［ペースト］をタップします❹。これで貼り付けられます。「メモ」アプリの別のページや、別のアプリにペーストすることもできます。

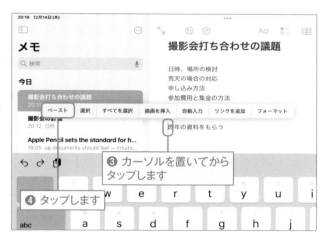

❸ カーソルを置いてからタップします

❹ タップします

3 ジェスチャ操作でカット・コピー＆ペーストする

範囲選択してから、3本の指先を画面に当て、すぼめるように動かします。この操作を「ピンチクローズ」といいます❺。これでコピーされます❻。3本の指先で2回ピンチクローズすると、カットになります。この後、別の位置にカーソルを置き、3本の指先を当てて押し広げるように動かすと（ピンチオープン）、ペーストされます。

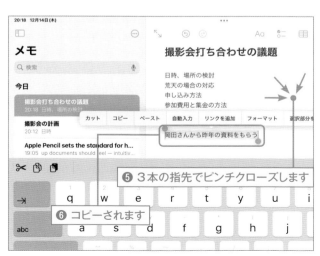

❺ 3本の指先でピンチクローズします

❻ コピーされます

Chapter 3 ［キーボードの便利な機能］

キーボードで
効率よく操作するには

iPadの画面に表示されるキーボードで文字を入力する際に、知っておくと便利で効率の上がる操作を紹介します。

► ほかの文字候補を表示する

1 長く押して候補を表示する

文字を長く押すと、別の文字候補が現れる場合があります。英語キーボードの場合は同種の別の文字が現れるので、そのまま指を滑らせて入力します❶。［日本語ローマ字］キーボードの場合は全角の英字を入力できます❷。

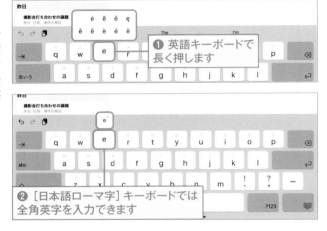

❶ 英語キーボードで長く押します

❷ ［日本語ローマ字］キーボードでは全角英字を入力できます

► 2本指でカーソルの移動や文字列の選択をする

1 カーソルを移動する

2本の指先をキーボードに乗せると、キーボードがグレーに変わります❶。このままドラッグしてカーソルを移動できます❷。

❶ 2本指を乗せるとグレーになります

❷ ドラッグしてカーソルを移動します

2 文字列を選択する

2本の指先をキーボードに乗せたまま少し待っていると、文字列を選択できる状態になります❸。このままドラッグして❹、文字列を選択します❺。

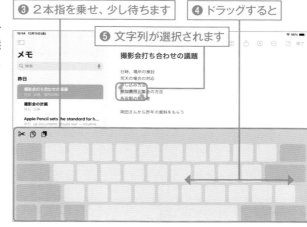

❸ 2本指を乗せ、少し待ちます　❹ ドラッグすると
❺ 文字列が選択されます

▶ ショートカットバーを使う

1 ツールをタップする

キーボードの最上段にショートカットバーがあり、ツールをタップするだけでさまざまな操作ができます❶。「メモ」アプリでは、文字列を選択して❷、ここからカット・コピー・ペーストができます❸。ツールは、その時の状態やアプリによって異なります。

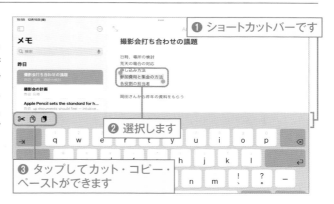

❶ ショートカットバーです
❷ 選択します
❸ タップしてカット・コピー・ペーストができます

▶ 予測入力を使う

1 予測候補をタップして入力する

入力された単語に応じて、次によく使われる単語が候補として表示され、タップするだけで入力できます❶。右図は日本語ですが、英語でも同様です。

 英語の予測を非表示にするには

「設定」の［一般］→［キーボード］を開き、［予測テキスト］のスイッチをタップしてオフにします。

❶ タップして入力できます

Chapter 3［音声入力］
音声で入力するには

話し言葉で文字を入力することができます。iPadに標準で付属しているアプリはもちろん、キーボードが表示される他社製アプリでもこの方法を利用できます。

▶ 音声で入力する

1 音声入力を開始する

日本語を音声入力するなら［日本語ローマ字］か［日本語かな］のキーボードをあらかじめ選択しておきます。キーボードにある🎤をタップします❶。

2 音声入力の使用を確認する

音声入力をする時には、必要なデータがインターネット経由でAppleに送信されます。そのため、この機能を初めて使う時に確認のメッセージが表示されます。使用する場合は［音声入力を有効にする］をタップします❷。

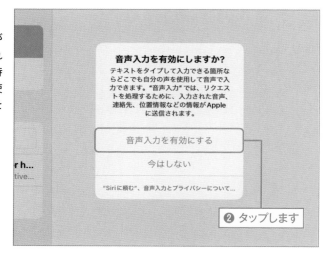

3 iPadに向かって話す

iPadに向かって話します❸。話すにつれてどんどん文字に変換されていきます。終わったら 🎤 または 🎤 をタップして音声入力を終了します❹。

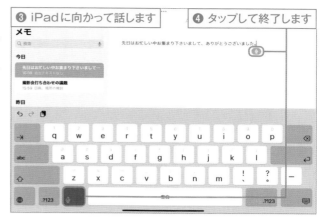

❸ iPadに向かって話します　❹ タップして終了します

▶ 音声入力のオン／オフを切り替える

1 「設定」で切り替える

音声入力を使うかどうかを切り替えるには、「設定」の[一般]→[キーボード]をタップし、[音声入力]のスイッチをタップします❶。

❶ タップしてオン／オフを切り替えます

▶ 句読点や記号を入力する

1 記号を音声で入力する

句読点や記号も音声で入力できます。右にその一部を挙げますので、試してみてください。たとえば「きょうは　てん　いいてんきです　まる」のように話します。ただし、話し言葉で文章の切れ目と認識されると、自動で「、」や「。」が付きます。

音声（話す言葉）	入力される記号
まる	。
てん	、
ビックリマーク	！
クエスチョンマーク	？
なかぐろ	・
かいぎょう	（改行）
スラッシュ	／
かぎかっこ	「
かぎかっことじ	」
にじゅうまる	◎
さんかく	△
しかく	□
くろしかく	■

Chapter 3 ［手書き入力］

手書きで文字を入力するには

キーボードの設定のひとつとして「日本語手書き」を追加して使うことができます。Apple Pencilで利用できる「スクリブル」という機能もあります。

▶ キーボードの領域で手書き入力をする

1 手書き入力の設定をする

「設定」の［一般］→［キーボード］→［キーボード］→［新しいキーボードを追加］をタップします（84～85ページ参照）。その後、［日本語］をタップします❶。次の画面で［手書き］をタップしてチェックを付け❷、［完了］をタップします❸。

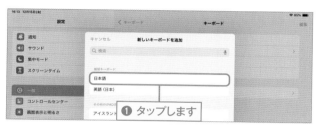

❶ タップします

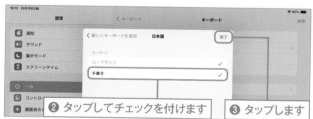

❷ タップしてチェックを付けます　❸ タップします

2 手書き入力を選択する

入力をする時に、⏺を長く押し❹、［日本語手書き］をタップして選択します❺。

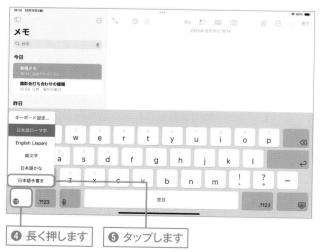

❹ 長く押します　❺ タップします

3 手書きで入力する

文字を手書きします。ひらがなで入力し
❻、変換候補から目的の文字をタップし
て入力します❼。漢字で書いて入力する
こともできます。

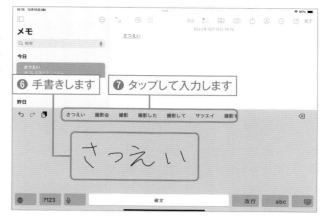

❻ 手書きします

❼ タップして入力します

4 手書きの文字を削除する

書いている途中で ⌫ をタップすると❽、
1文字削除されます❾。

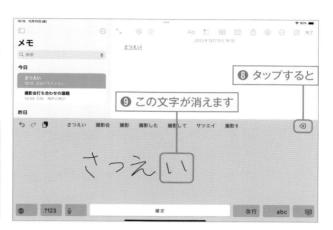

❽ タップすると

❾ この文字が消えます

 Point 指先で入力できる

この後に解説するスクリブルはApple
Pencilで使う機能ですが、ここまでに解説
した方法は他社製のペンや指先でも利用で
きます。

▶ スクリブルで手書き入力をする

1 スクリブルを有効にする

Apple Pencilで文字を手書き入力する機
能を「スクリブル」と言います。「設定」の
[Apple Pencil]をタップし❶、[スクリブ
ル]のスイッチをタップしてオンにしま
す❷。

 Point スクリブルを試す

このスイッチの下にある[スクリブルを試す]
をタップすると、使い方の説明が表示され、
実際に書いて練習できます。

❶ タップします

❷ タップしてオンにします

2 フィールドに手書きする

文字を入力するフィールドがある時に手書きで入力できます。例としてWebブラウザの「Safari」で解説します。アドレスのフィールドにカーソルがある状態で❸、Apple PencilでURLを手書きします❹。この時、フィールドにおさめる必要はなく、はみ出して構いません。書き終えると文字として認識されます。「Safari」の詳細はChapter 5を参照してください。

❸ ここにカーソルがあります

❹ Apple Pencilで文字を手書きします

3 「メモ」アプリで手書き入力を始める

スクリブルで文字データを入力することもできます。「メモ」アプリを例にとって解説します。🖊をタップしてツールを表示し❺、🖊をタップします❻。

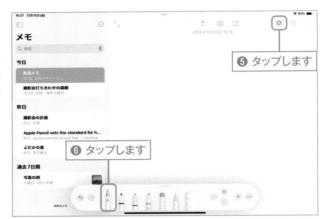

❺ タップします

❻ タップします

4 言語を選択する

🌐 をタップし❼、言語をタップして選択します❽。

 Point 入力できる言語を追加する

日本語と英語以外を手書き入力するには、あらかじめ「設定」の［一般］→［キーボード］→［キーボード］で目的の言語を追加しておきます。

❼ タップします

❽ タップします

文字が認識される

文字を手書きします❾。カーソルの位置に関係なく、余裕のある場所に書いて構いません。すると書いた文字が認識されます❿。

❾ 文字を手書きします

❿ 認識され、入力されます

Point ほかのアプリでスクリブルを使う

ほかの多くのアプリでも、項目を入力する箇所にApple Pencilで直接書き込むなどの操作で文字を手書き入力できます。

「翻訳」アプリ

「翻訳」アプリで、入力した文章、カメラで映した文章、話し言葉を翻訳できます。

❶ タップします

❷ タップして選択します

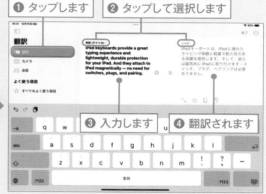

❸ 入力します

❹ 翻訳されます

サイドバーで［翻訳］をタップして選択し❶、翻訳元と翻訳先の言語を選択してから❷文章を入力すると❸、翻訳されます❹。

❺ タップして選択します

❻ このまま少し待つと翻訳されます

左側のサイドバーで［カメラ］をタップして選択し、翻訳元と翻訳先の言語を選択してから❺、カメラで翻訳したい文章を映すと、翻訳されます❻。

❼ タップします

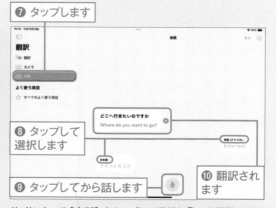

❽ タップして選択します

❾ タップしてから話します

❿ 翻訳されます

サイドバーで［会話］をタップして選択し❼、2種類の言語を選択します❽。🎤をタップしてからiPadに向かって話すと❾、翻訳されます❿。

Chapter 3 ［Apple製のキーボード］

Apple製のキーボードを使うには

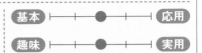

Apple製の外付けキーボードと組み合わせると、ノートパソコンのような感覚で使えます。スタンドを兼ねているほか、使わない時や持ち運ぶ時は画面を保護するカバーになります。

基本 ├─┼─●─┼─┤ 応用
趣味 ├─┼─●─┼─┤ 実用

1 キーボードをセットする

キーボードが手前に来るようにセットします❶。正しい位置にセットすると、iPadの背面または側面にあるSmart Connector（金属の小さい3つの円）で接続されます。これだけで、使える状態になります。

Point 4種類のモデルがある

Apple製のiPad用キーボードは4種類あり、iPadのモデルにより使えるキーボードが異なります。また、iPad miniや一部の古いモデルでは4種類のいずれも使用できません。

❶ このようにセットします。この写真はMagic Keyboard Folioです

2 入力する

初期設定ではライブ変換がオンになっているため、入力したひらがなが自動で次々に漢字やカタカナに変換されていきます❷。自動変換されたものとは違う文字にしたい時はスペースキー、または ↑ や ↓ キーを押して候補を選択し❸、return キーを押して確定します❹。

Point iPadから給電される

外付けキーボードには一般に内蔵バッテリーまたは乾電池が必要ですが、Apple製のキーボードはiPadのSmart Connectorから給電されるのでこれらは必要ありません。

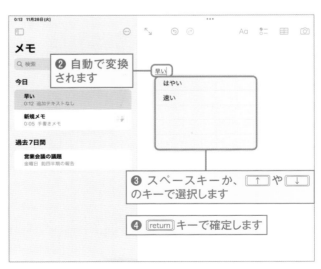

❷ 自動で変換されます

❸ スペースキーか、↑ や ↓ のキーで選択します

❹ return キーで確定します

3 入力文字種を切り替える

キーをポンポンと押すと、入力文字種を選択できます❺。キーボードのいちばん下の段にある 英数 キーと かな キーを押して切り替えることもできます。

> **Point** キーの動作を変更する
>
> 「設定」の [一般] → [キーボード] → [ハードウェアキーボード] をタップし、[を押して絵文字を表示] のスイッチをオンにすると、キーを押して絵文字キーボードの表示／非表示を切り替える動作に変わります。

❺ キーを押して選択します

4 キーボードショートカットを利用する

⌘ （コマンド） キーや キーを長く押すと、利用できるキーボードショートカットが表示されます❻。 → や ← キーを押すとさらに別のショートカットが表示されます❼。これを見てよく使うものから徐々に覚えていくと、操作の効率が上がります。右図では、「メモ」アプリでたとえば ⌘ （コマンド） キーを押しながら N キーを押すと新規メモを作成できることがわかります。

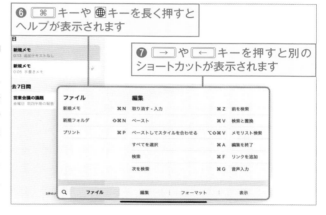

❻ ⌘ キーや キーを長く押すとヘルプが表示されます

❼ → や ← キーを押すと別のショートカットが表示されます

5 かな入力できるようにする

初期設定では日本語はローマ字で入力しますが、かな入力も利用できます。84 〜 85ページを参照して、かな入力のキーボードを追加しておきます。「設定」の [一般] → [キーボード] → [ハードウェアキーボード] とタップし、[日本語 - かな入力] をタップします❽。次の画面で[かな入力]をタップして選択すると❾、[日本語かな] モードを選択した時にキーボードから、かな入力できます。

> **Point** ライブ変換をオフにする
>
> この画面で [ライブ変換] のスイッチをタップしてオフにすると、表示される変換候補から自分で選択する操作に変わります。

❽ タップします

❾ 次の画面で [かな入力] をタップします

Chapter 3 ［他社製のキーボード］

他社製のキーボードを使うには

Apple以外のメーカーからも、iPadで使えるキーボードは多数販売されています。Bluetooth、USB-C、Lightningで接続するキーボードは、Smart ConnectorのないiPadでも使えます。

基本 ｜—｜—｜—●—｜ 応用
趣味 ｜—｜—｜—●—｜—｜ 実用

KEYS-TO-GO
価 12,100円（税込）
問 ロジクール
URL https://www.logicool.co.jp/ja-jp/

Bluetooth接続で、薄型軽量のキーボードです。

ウルトラスリム Bluetooth ワイヤレスキーボード
価 2,000円（税込）
問 Anker
URL https://www.ankerjapan.com

これもBluetooth接続で、薄型軽量です。

MX KEYS MINI
価 15,950円（税込）
問 ロジクール
URL https://www.logicool.co.jp/ja-jp/

Bluetooth接続のキーボードです。充電式で、バックライト付きです。

SKB-SL31CBK
価 5,830円（税込）
問 サンワサプライ
URL https://www.sanwa.co.jp/

USB-Cで有線接続する薄型のキーボードです。電池や充電の必要がなく、接続するとすぐに使えます。

▶ Bluetoothキーボードをペアリングする

 キーボードをペアリングする

Bluetoothキーボードは初めて使う時にiPadとペアリングする必要があります。前ページ左下のMX KEYS MINIを例にとって解説します。キーボードのマニュアルを参照して、キーボードをペアリングモードにします。iPadで「設定」を開き[Bluetooth]をタップします❶。キーボードが認識されたらタップします❷。

> **Point** キーボードの設定
>
> 101ページ手順5で解説したハードウェアキーボードの設定は、他社製キーボードでも同様です。

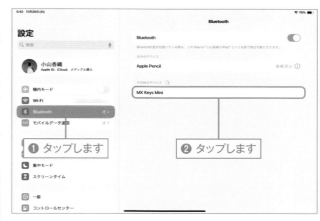

❶ タップします　❷ タップします

 コードでペアを確認する

このキーボードの場合は、ペアを確認するためのコードが表示されます。このコードをキーボードで入力し、[enter]キーを押します❸。キーボードによっては、この手順はありません。

> **Point** 入力文字種の切り替え
>
> 🌐キーのないキーボードでは、[control]キーを押しながらスペースキーを押して入力文字種を切り替えます。

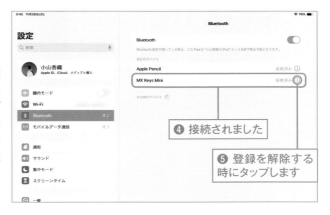

Bluetoothペアリングの要求
"MX Keys Mini"がお使いのiPadへのペアリングを求めています。"MX Keys Mini"でコード"139613"を入力してください。

キャンセル

❸ このコードをキーボードで入力し、[enter]キーを押します

キーボードが接続された

[接続済み]と表示されたら、このキーボードを使用できます❹。キーボードの電源を切っても次に電源を入れると自動で接続されますが、接続されない場合は手順1の画面を開いてキーボードの名前をタップします。今後、このキーボードを使用しなくなったら、キーボード名の右端の🛈をタップし、次の画面で[このデバイスの登録を解除]をタップします❺。

❹ 接続されました

❺ 登録を解除する時にタップします

Chapter 3 ［トラックパッド］

トラックパッドを使うには

Pro　Air　iPad　mini

Apple 製の一部のキーボードにはトラックパッドが付いています。他社製キーボードでもiPadで使えるトラックパッドを備えたものがあります。トラックパッドを使うとiPadをパソコンのように操作できます。

基本 ├───┼───┼───●── 応用

趣味 ├───┼───┼───●── 実用

1 キーボードを接続する

トラックパッドのあるキーボードを接続します❶。他社製のBluetoothキーボードの場合は、103ページの手順で接続します。

❶ キーボードを接続します

2 ポインタを動かしてクリックする

操作はパソコンのトラックパッドと同様です。トラックパッドの上で指先を動かすと、画面上のポインタが動きます❷。たとえばポインタをアイコンに合わせてからクリックすると、そのアプリが起動します❸。

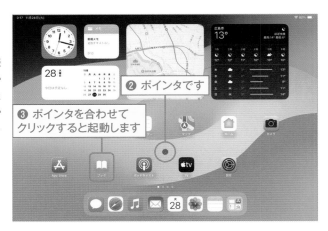

❷ ポインタです

❸ ポインタを合わせてクリックすると起動します

3 スクロールする

トラックパッドで2本の指を上下に動かすと、スクロールします❹。

 **トラックパッドの
その他の操作**

Appleのサポートのサイト（https://
support.apple.com/ja-jp）で「トラックパッドジェスチャ」と検索すると、トラックパッドでできる操作を調べることができます。ただし他社製の製品の場合、動作が異なることがあります。

❹ 2本指で動かすと
スクロールします

4 トラックパッドの設定を変える

「設定」の［一般］をタップ（またはクリック、以下同じ）し❺、［トラックパッド］
（キーボードによっては［トラックパッドとマウス］）をタップします❻。

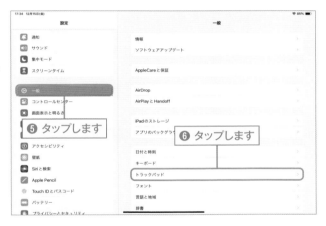

❺ タップします

❻ タップします

5 ポインタの速度やスクロールの向きを設定する

目盛りをタップしてポインタの移動速度を変えられます❼。［ナチュラルなスクロール］のスイッチをタップしてオン／オフを切り替えると、指の動きとスクロールする向きの関係が逆になります❽。

❼ タップして
速度を変えます

❽ タップしてスクロール
の向きを変えます

 ポインタの設定を変える

「設定」の［アクセシビリティ］をタップし、［ポインタコントロール］をタップします。次の画面でポインタのサイズや色を変えられます。

Chapter 3 ［メモ］

メモを取るには

iPadには「メモ」アプリが付属しています。シンプルなインターフェイスで
テキストを入力できるアプリです。チェックリストや表を作ったり、写真を
入れたりすることもできます。入力したメモはメール送信などができます。

▶ メモの基本

1 メモを入力する

ホーム画面で［メモ］をタップして起動し
ます❶。メモのページ内をタップすると
キーボードが表示されるので❷、メモを
入力します❸。入力後に ▾ をタップする
とキーボードが隠れます❹。

❶ タップして起動します

❷ タップします

❸ メモを入力します

❹ タップするとキーボードが隠れます

2 ページの追加・移動・検索をする

メモの新しいページを追加するには、▢
をタップします❺。メモの別のページへ移
動するには、メモのリストから目的のペー
ジをタップします❻。検索フィールドを
タップしてから語句を入力すると、その語
句を含むページを検索できます❼。

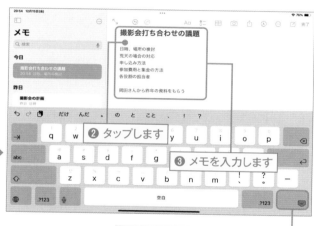

❺ タップしてページを追加します

Point メモのタイトル

メモの１行目が、左のリストに表示されるタイ
トルになります。

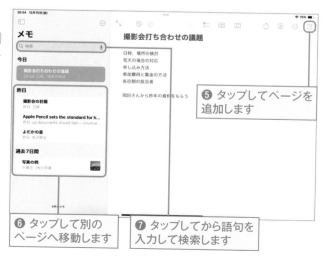

❻ タップして別のページへ移動します

❼ タップしてから語句を入力して検索します

3 縦向きに持っている時

iPadを縦向きに持っている時は、左側にリストが表示されません。左上の をタップするとメモのリストが表示され❽、別のページへの移動やメモの検索ができます❾。

Point 音声入力できる

話し言葉でメモを入力することもできます。操作方法は94ページを参照してください。

❽ ここにある をタップすると

❾ ページの移動や検索ができます

4 ページを削除する

メモのページを削除するには、リストの項目を左へスワイプし❿、🗑 が表示されたらタップします⓫。これで削除されますが、削除したページは30日間は残っています。削除したページを見たり元に戻したりするには をタップします⓬。

❿ スワイプします

⓫ タップします

⓬ 元に戻したい時はタップします

5 削除したページを元に戻す

[最近削除した項目]をタップします⓭。次の画面で、元に戻したい項目を左へスワイプし⓮、をタップします⓯。この後、保存場所のリストが表示されたら[メモ]をタップします⓰。

Point タグを利用する

メモの本文の一部として「#営業会議」のように「#」に続けて語句を入力すると、タグになります。すると右の上図の画面にタグが表示され、タップするとそのタグが入力されているページが集められます。

⓭ タップします

⓮ スワイプします

⓯ タップします

⓰ この後、[メモ]をタップします

▶ メモの応用

1 チェックリストを作る

項目を入力し、選択します❶。をタップします❷。これでチェックリストになり、先頭の円をタップして進捗状況を管理できます❸。

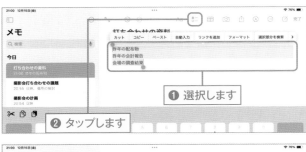

❶ 選択します

❷ タップします

Point 箇条書きなどのリストを作る

同様に、項目を選択してから画面上部の[Aa]をタップすると、箇条書きなどのリストを作ることができます。

❸ チェックリストになりました

2 写真やビデオを挿入する

写真やビデオを入れたい場所にカーソルを置きます❹。をタップします❺。iPadに保存されている写真やビデオを入れるなら［写真またはビデオを選択］、この場で撮影するなら［写真またはビデオを撮る］をタップします❻。この後、写真を選ぶか、撮影します。

Point 挿入した写真を削除するには

ページ上の写真またはビデオを長く押し、メニューが表示されたら［削除］をタップします。

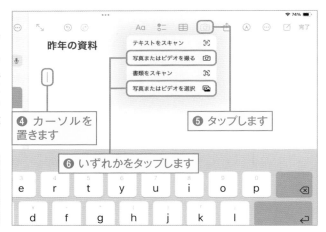

❹ カーソルを置きます

❺ タップします

❻ いずれかをタップします

3 書類をスキャンする

手順2のメニューで［書類をスキャン］をタップするとカメラの画面になるので、書類にカメラを向けます。認識されると書類が薄い黄色になり、自動で撮影されます。または○をタップして撮影します❼。撮影後に、右下に表示される［保存］をタップしてメモに保存します。

❼ 自動撮影されなければタップして撮影します

4 カメラで撮って テキストを入力する

手順2のメニューで[テキストをスキャン]をタップします。入力したいテキストをカメラで映します❽。テキストとして認識された部分の四隅に黄色のカギカッコのような囲みが表示されたら、[入力]をタップします❾。

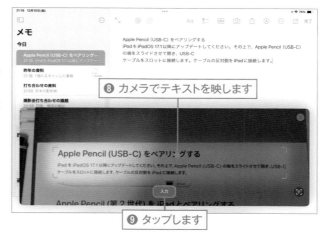

❽ カメラでテキストを映します

❾ タップします

5 表を作成する

表を作成したい位置にカーソルを置き、⊞をタップします❿。表が作られるので、セル（表内の枠）をタップしてから文字や数字を入力します⓫。⋯や⫶をタップして、列や行の追加／削除ができます⓬。

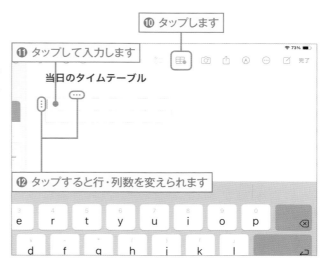

❿ タップします

⓫ タップして入力します

⓬ タップすると行・列数を変えられます

6 メモの送信や プリントなどをする

このメモを「メッセージ」や「メール」で送信したりプリント（印刷）したりすることができます。⬆をタップし⓭、使いたい機能をタップします⓮。プリントの方法は58ページを参照してください。

⓭ タップします

⓮ タップします

Chapter 3 ［メモアプリのスケッチ機能］

メモのスケッチ機能を使うには

Pro　Air　iPad　mini

「メモ」アプリには手書きでスケッチする機能があります。Apple Pencilを使えば、筆圧やペンの傾きに応じて異なる線を描けます。円や矢印などの図形を描いたり、手書き文字を認識する機能もあります。

基本 ├──┼──┼──●──┤ 応用
趣味 ├──┼──●──┼──┤ 実用

1 スケッチを始める

をタップします❶。

❶ タップします

Point Apple Pencilに対応している

「メモ」アプリはApple Pencilに対応しています。Apple Pencilを使えば、描く線の太さなどを変えられます（73ページ参照）。

2 ツールを選んで描く

スケッチを描ける状態になります。さまざまな描画ツールのいずれかをタップして選択します❷。左右にスクロールすると、隠れているツールが現れます。色もタップして選択します❸。それから、ドラッグして描きます❹。描き間違えた時は消しゴムをタップして選択し、タップまたはドラッグして消します❺。描き終わったらをタップします❻。これでメモのページにスケッチが保存されます。

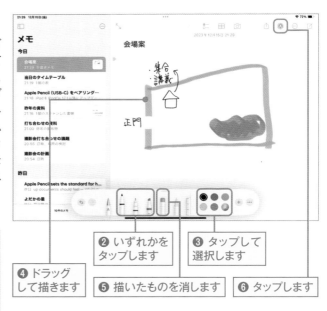

❷ いずれかをタップします

❸ タップして選択します

❹ ドラッグして描きます

❺ 描いたものを消します

❻ タップします

Point ツールの設定を変える

図の❷で示した描画ツールと❺の消しゴムツールは、タップして選択した後でもう一度タップすると、太さや色の濃さを変えられます。

3 きちんとした図形を描く

円や四角、三角、直線などの図形を描きたい時は、描き終わった位置でしばらく指先やペン先を画面に触れたままにしておきます❼。するときちんとした図形に変わります。図の右側に示した形のいずれかを描いて指先やペン先をそのままにしていると矢印になります❽。

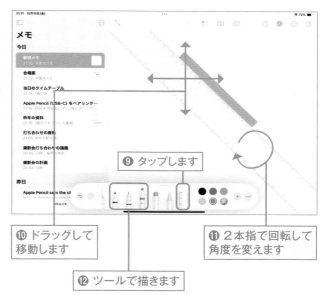

❼ 描き終わった位置で指先やペン先を画面に触れたままにします

❽ このような形を描くと矢印になります

4 直線を描く

ルーラツールをタップすると、画面にルーラが表示されます❾。ルーラはドラッグすると移動でき❿、2本指で回転させると角度を変えられます⓫。位置と角度を決めたら描画ツールでルーラに沿って描きます⓬。もう一度ルーラツールをタップすると、ルーラが消えます。

❾ タップします

❿ ドラッグして移動します

⓫ 2本指で回転して角度を変えます

⓬ ツールで描きます

5 描いたものを選択して操作する

投げ縄ツールをタップし⓭、描いたものを囲むようにドラッグすると選択されます⓮。選択した部分をドラッグすると移動できます⓯。タップするとメニューが表示され、コピーや削除などができます⓰。

 Point 手書きの文字をテキストデータにする

このメニューにあるように、手書きの文字を選択して［テキストとしてコピー］をタップすると、文字が認識されテキストデータとしてコピーされます。

⓭ タップします

⓮ ドラッグして囲み、選択します

⓯ ドラッグすると移動できます

⓰ タップするとメニューが表示されます

Chapter 3［メモアプリの便利な機能］

メモでPDFや
リンクを使うには

メモのページにPDFファイルを挿入したり、ほかのページへのリンクを作成したりすることができます。必要な情報を集めた資料集やマニュアルのような使い方ができて便利です。

基本 ├─┼─┼─┼─●─┤ 応用
趣味 ├─┼─┼─┼─●─┤ 実用

▶ PDFの表示と書き込み

1 PDFを「メモ」に送る

例として、メールの添付ファイルとしてPDFを受け取ったとします。PDFを長く押し❶、メニューが表示されたら［共有］をタップします❷。この次のメニューで［メモ］を選択します❸。その後、「メモ」のページを指定して保存します。

Point ほかのアプリからも同様の操作で送れる

「メール」以外でも多くのアプリで、共有のメニューからPDFを「メモ」に送ることができます。

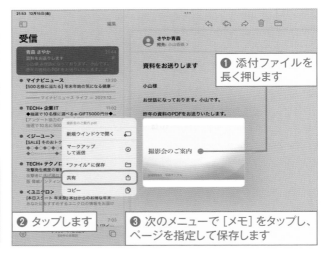

❶ 添付ファイルを長く押します

❷ タップします

❸ 次のメニューで［メモ］をタップし、ページを指定して保存します

2 「メモ」でPDFを表示する

「メモ」アプリを開き、PDFを保存したページを開きます。複数ページのPDFは、左右にスワイプして見ることができます❹。次の手順3で書き込みをするために、PDFのファイル名をタップし❺、［表示形式］をタップします❻。［中］または［大］をタップして選択します❼。

❹ 左右にスワイプしてページを移動します

❺ タップします

❻ タップします

❼ いずれかをタップします

3 PDFに書き込みをする

[描画]をタップすると❽、描画ツールを使ってPDFに書き込みができます❾。

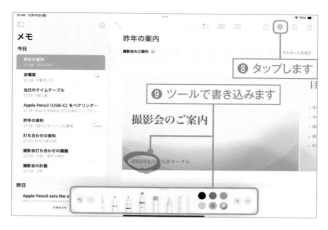

► メモの別のページへのリンク

1 リンクを追加する

カーソルのある位置でタップし❶、メニューが表示されたら［リンクを追加］をタップします❷。

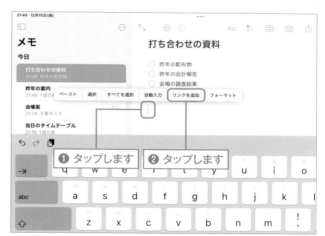

2 リンク先のページを指定する

リンクしたいページのタイトルを入力します❸。一致する候補が表示されたら目的のページをタップします❹。各ページの1行目が、メモのタイトルです。この後、［完了］をタップします❺。

Point 顔文字や絵文字を入力するには

メッセージやメールを彩り、コミュニケーションの助けにもなる顔文字や絵文字。もちろんiPadのキーボードからも入力できます。

●顔文字を入力する

日本語かなのフローティングキーボードには顔文字の [^_^] キーが表示されています。これをタップすると❶、上部に顔文字の候補が表示されます。左右にスワイプして探すか❷、▽ をタップして一覧を表示します❸。使いたいものを見つけたらタップして入力します。

❶ タップします　**❷ スワイプして探すか**　**❸ タップして一覧を表示します**

通常の日本語かなキーボードでは [☆123] キーをタップすると❹、[^_^] キーが表示されます。これをタップします❺。上部の候補を左右にスワイプして探すか、右端の △ をタップして一覧を表示します。

❹ タップします

❺ タップします

日本語ローマ字キーボードでは、[?123] キーをタップします❻。すると [^_^] キーが表示されるので、タップして顔文字の候補を表示します❼。

❻ タップします

❼ タップします

●絵文字を入力する

キーボードの 🌐 を長く押して [絵文字] を選択すると❽、絵文字のキーボードになります。左右にスワイプして絵文字を探します❾。ジャンルをタップして探すこともできます❿。使いたい絵文字が見つかったらタップして入力します。

❽ ここから [絵文字] を選択します

❾ 左右にスワイプして絵文字を探します

❿ ジャンルをタップして選択できます

Chapter 4

iPadの設定をする

iPadを初めて使う時の設定アシスタントで基本的な設定は済んでいますが、後から設定を変更することもできます。設定アシスタントには含まれない設定項目もあります。使いやすいように設定しましょう。iCloudやバックアップなど、iPadを安心して使う方法も解説します。

Chapter 4 ［Wi-Fi］

Wi-Fiを設定するには

セットアップ時にWi-Fi（無線LAN）に接続する設定をChapter 1で解説しましたが、その時に設定しなかった場合や、別のWi-Fiネットワークに接続する場合は、「設定」から手動で設定します。

基本 ●—┼—┼—┼—┤ 応用
趣味 ├—┼—┼—┼—● 実用

▶ Wi-Fiネットワークに接続する

1 「設定」でネットワークを
選択する

ホーム画面で［設定］をタップして起動します。［Wi-Fi］をタップし❶、［Wi-Fi］をオンにします❷。接続したいネットワーク名が表示されたらタップします❸。

❶ タップします

❷ オンにします

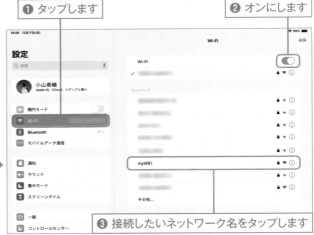

❸ 接続したいネットワーク名をタップします

2 パスワードを入力して接続する

Wi-Fiルーターにパスワードが設定されている場合はパスワードを入力し❹、［接続］をタップします❺。

❹ 入力します

❺ タップします

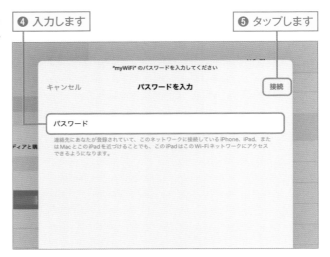

3 接続が完了した

ネットワーク名にチェックが付き❻、右上にWi-Fiのアイコンが表示されたら接続完了です❼。

> **Point** パスワードを確認する
>
> パスワードを入力して接続したことのあるネットワーク名の右端にある ⓘ をタップし、次の画面で［パスワード］をタップして指紋などで認証すると、パスワードが表示されます。

❻ このネットワークに接続しました

❼ Wi-Fiに接続しています

▶ ネットワーク名が公開されていない場合

1 ［その他］から接続する

非公開の設定になっているネットワークは、画面に表示されません。その場合は、前ページ手順1で［その他］をタップします❶。ネットワーク名を入力します❷。［セキュリティ］をタップします❸。

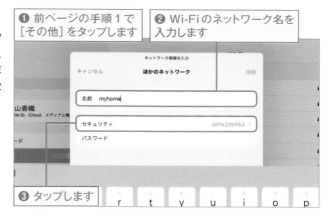

❶ 前ページの手順1で ［その他］をタップします

❷ Wi-Fiのネットワーク名を 入力します

❸ タップします

2 ネットワークの 方式を選択する

接続先のネットワークで使用されている方式をタップして選択します❹。［ほかのネットワーク］をタップします❺。すると上の手順1の画面に戻るので、パスワードを入力して、右上の［接続］をタップします。

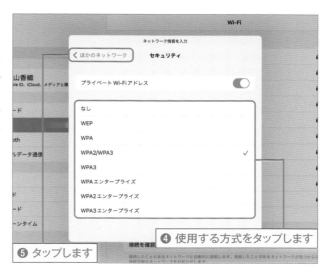

❹ 使用する方式をタップします

❺ タップします

Chapter 4 ［パスコード］

パスコードを設定して
ロックをかけるには

iPadを他人に操作されないようにパスコードでロックしておきましょう。
iPadを置き忘れた時も、パスコードを破られない限り使われてしまうこ
とはありません。複雑なコードにすることもできます。

基本 ├─●─┼─┼─┤ 応用
趣味 ├─┼─┼─●─┤ 実用

1 「設定」でオンにする

「設定」の［Touch ID（またはFace ID）
とパスコード］をタップします❶。［パス
コードをオンにする］をタップします❷。

❶ タップします　　　❷ タップします

2 6桁のパスコードを入力する

パスコードの設定画面が表示されるので、
好きな6桁の数字を入力します❸。この
後、確認のために再度同じ数字を入力し
ます。さらにその後、Apple IDのパスワー
ドを求められた場合は入力して、［サイン
イン］をタップします。

❸ 数字を入力します

3 パスコードを要求する間隔を設定する

[パスコードを要求]をタップすると、ロックがかかって黒い画面になった後、何分経過したらパスコードの入力を求めるかを設定できます❹。ただし、次ページ以降で説明するように指紋または顔を登録してある場合は、[即時]以外の設定にはできません。

❹ パスコード入力までの時間を設定します

Point 不正操作時にデータ消去

不正な操作を防ぐため、パスコード入力に10回失敗すると自動でiPadのデータを消去する設定にするには、いちばん下にある[データを消去]をオンにします。

4 6桁の数字以外にする

手順2で[パスコードオプション]をタップすると、パスコードのルールを変更できます❺。4桁の数字、任意の長さの数字、任意の長さの英数字を選択できます。いずれかをタップしてから、そのルールに合うパスコードを設定します。

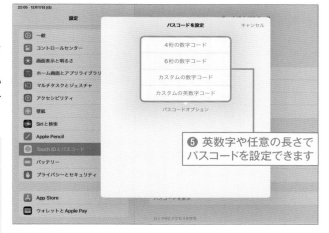

❺ 英数字や任意の長さでパスコードを設定できます

Point ロック中にアクセスを許可

手順3の図で中ほどにある[ロック中にアクセスを許可]でオンになっている項目によっては、パスコードでロック解除をせずにアプリの情報や通知などを見たり、iPadを操作したりすることができます。注意して設定しましょう。

5 ロックを解除する

パスコードを設定すると、次にロック解除する時にパスコードの入力を求められます。図は6桁の数字パスコードを入力する画面です❻。英数字コードを設定した場合は、文字を入力する時と同様のキーボードが表示されます。

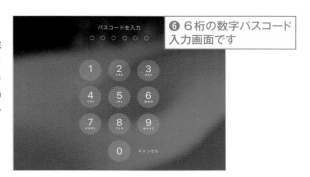

❻ 6桁の数字パスコード入力画面です

Chapter 4 ［Touch ID］

指紋認証を設定するには

| Pro | Air | iPad | mini |

iPadのトップボタン、またはホームボタンが指紋の読み取り装置になっていて、ボタンに触れるだけでiPadのロックを解除したり、コンテンツを購入したりすることができます。

基本 ●━━┿━━┿━━ 応用
趣味 ━━┿━━┿━━● 実用

1 指紋の登録を始める

118ページを参考に、あらかじめパスコードを登録しておきます。「設定」の ［Touch IDとパスコード］ をタップし❶、パスコードを求められたら入力します。［指紋を追加］ をタップします❷。

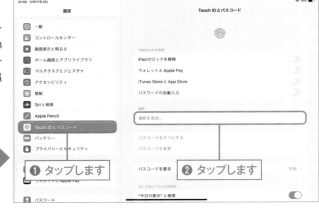

❶ タップします

❷ タップします

2 指紋を登録する

Touch IDの画面に切り替わったら、トップボタンまたはホームボタン（モデルにより異なります）に指を何度か軽く押し当ててスキャンします❸。自分が使いやすい指を登録しましょう。

❸ ボタンに指を当てます

Point 登録は5つまで

指紋は5つまで登録できます。左右の親指や人差し指などを登録すると、使いやすくなるでしょう。

3 何度か押し当てる

画面の表示に従って、ボタンに指を当て
て離す作業を繰り返して指紋をスキャン
します。[指紋のすべてをキャプチャー]
画面が表示されたら[続ける]をタップし
て、今度は指の縁をボタンに当てて離す
作業を繰り返します。[完了]画面が表示
されたら[続ける]をタップします❹。

❹ タップして登録
完了です

4 Touch IDを使う場面を設定する

[指紋1]として登録されました❺。別の
指を追加するには[指紋を追加]をタップ
します❻。また、指紋認証を使う場面を設
定します❼。ロック解除のほか、iTunes
StoreやApp Storeでの購入にも使え
ます。

> **Point** 登録した指紋を削除するには
>
> 登録した指紋を削除したい場合は、[指紋
> 1]をタップし、次の画面で[指紋を削除]
> をタップします。

❺ 登録された
指紋です

❻ 新しく指紋を
追加できます

❼ 指紋を使う場面をオンにします

5 Touch IDでロック解除する

ロック画面で、登録した指でトップボタン
またはホームボタンに触れます❽。すると
パスコードを入力することなく、ロックが
解除されます。ただし指紋を登録してあっ
ても、パスコードでロックを解除すること
もできます。

❽ 登録した指でボタンに触れます

Chapter 4［Face ID］

顔認証を設定するには

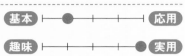

2018年11月以降に発売されたiPad Proには指紋を読み取るセンサーはなく、iPad前面のカメラで顔を認識してロック解除などをします。

基本 ├──●──┼──┤ 応用
趣味 ├──┼──┼──● 実用

1 顔の登録を始める

118ページを参考に、あらかじめパスコードを登録しておきます。「設定」の［Face IDとパスコード］をタップし❶、パスコードを求められたら入力します。［Face IDをセットアップ］をタップします❷。

❶ タップします　　　❷ タップします

2 開始する

iPadを縦向きに、カメラが上になるように持ちます。［開始］をタップします❸。

❸ タップします

Point 登録後は横向きでも認識される

Face IDを登録する時はiPadを縦向きに持つ必要がありますが、その後、ロック解除などに使用する際には縦でも横でも認識されます。

3 顔をスキャンする

円の中に顔が映るようにiPadの持ち方を調整します。画面に示される矢印に従って顔を動かします❹。各方向からの顔のスキャンが完了すると［1回目のFace IDスキャンが完了しました。］と表示されるので［続ける］をタップします。その後、1回目と同じように顔を動かしながらスキャンします。

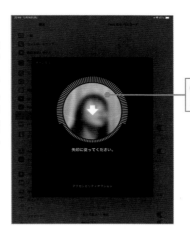

❹ 顔を動かしながらスキャンします

4 設定を完了する

［Face IDがセットアップされました］と表示されます。［完了］をタップします❺。

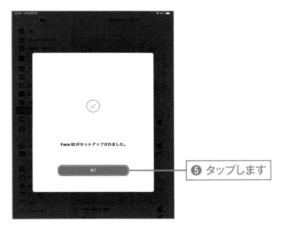

❺ タップします

5 Face IDを使う場面を選ぶ

手順1の画面に戻ります。［iPadのロックを解除］から［その他のアプリ］のうち、使いたい場面をオンにします❻。するとその場面でパスコードなどを入力する代わりに、iPadの画面に顔を向けて認証できます。

Point 「その他のアプリ」とは？

パスワードなどが必要なアプリを起動すると、Face IDを使用するかどうかを確認するメッセージが表示されることがあります。右図の「その他のアプリ」をタップするとそのアプリのリストが表示され、オン／オフを変更できます。

❻ 使いたい機能をオンにします

Chapter 4 ［位置情報］

位置情報サービスを
設定するには

iPadのWi-Fi＋CellularモデルはGPSやWi-Fiネットワーク、携帯
電話回線、Wi-FiモデルでもWi-Fiネットワークなどを利用して現在
の位置を取得できる「位置情報サービス」が備わっています。

基本 ├─────●─────┤ 応用
趣味 ├─────●───┤ 実用

▶ 位置情報サービスの設定をする

1 **正確な位置情報の設定をする**

アプリを起動した時、位置情報の利用に
ついて確認されることがあります。［正確
な位置情報：オン］になっていると、現在
地がピンポイントで利用されます（誤差が
生じることもあります）。ここをタップす
るとオフになり、大まかな位置情報が利用
されます❶。

❶ タップしてオン／
オフを切り替えます

2 **許可の設定をする**

このアプリを使う時はいつも許可するな
ら［アプリの使用中は許可］、今回だけ許
可するなら［1度だけ許可］をタップしま
す❷。［1度だけ許可］をタップした場合、
次にこのアプリを起動した時もまたこの
ダイアログが開きます。

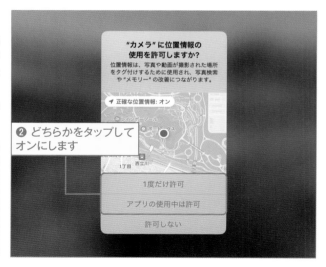

❷ どちらかをタップして
オンにします

> **Point** **位置情報を利用するアプリ**
>
> 現在地に関する情報を表示するアプリや、
> 場所の情報を記録するアプリなどがあり
> ます。標準アプリの「マップ」や「カメラ」な
> どのほか、他社製のアプリでも位置情報を
> 利用するものはたくさんあります。

3 位置情報サービスの設定を確認する

「設定」でも位置情報サービスを設定できます。「設定」の［プライバシーとセキュリティ］をタップし③、［位置情報サービス］をタップします④。

Point アプリプライバシーレポート

この画面で右側の領域を下へスクロールして[アプリプライバシーレポート]をタップすると、プライバシーに関わるデータを利用したアプリを記録し、確認できます。

❸ タップします

❹ タップします

4 オン／オフを変更できる

iPadの位置情報サービスをまったく使用しないなら、［位置情報サービス］のスイッチをタップしてオフにします⑤。アプリやサービスごとにオン／オフを切り替えるには、目的の項目をタップし、次の画面で設定します⑥。次の画面では、アプリによっては正確な位置情報のオン／オフも変更できます。

❺ タップしてサービス全体のオン／オフを切り替えます

❻ タップして設定を変更します

▶ 位置情報サービスの注意

1 「カメラ」アプリの位置情報

位置情報サービスは便利な機能ですが、場所の情報を誰かに知られたくない場合は注意が必要です。たとえば、「カメラ」アプリの位置情報サービスをオンにすると、撮影した写真に位置情報が付きます❶。この写真を人に渡すと、撮った場所がわかってしまいます。ただし、位置情報を省いて共有することもできます。56ページを参照してください。

❶「写真」アプリでは、位置情報から写真を見ることができます

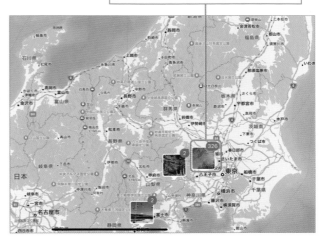

Chapter 4 ［コントロールセンター］

すばやく設定を変えるには

コントロールセンターを使うと、いちいち「設定」を開かなくても、よく使う設定をすぐに変えられます。

基本 |—|—●—|—| 応用

趣味 |—|—●—|—| 実用

1 コントロールセンターを表示する

右上から下へスワイプするとコントロールセンターが表示されます❶。ホーム画面だけでなく、アプリを使っている時でも表示できます。コントロールセンターに表示される項目は、設定やiPadのモデルにより異なります。

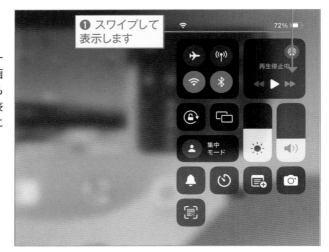

❶ スワイプして表示します

2 タップして使用する

アイコンは、タップしてオン／オフを切り替えたり、アプリを起動したりします。

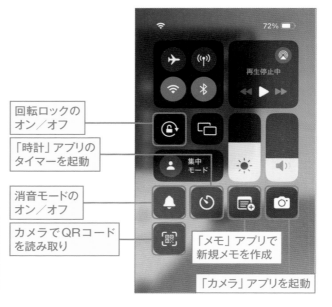

回転ロックの
オン／オフ

「時計」アプリの
タイマーを起動

消音モードの
オン／オフ

カメラでQRコード
を読み取り

「メモ」アプリで
新規メモを作成

「カメラ」アプリを起動

Point 回転ロックとは？

iPadを縦向き／横向きに持ち替えても画面が回転しないようにロックする機能です。

ドラッグして設定する

画面の明るさと音量は、上下にドラッグして設定します。画面の明るさを長く押すと、ダークモード、Night Shift、True Toneのオン／オフも設定できます。

Point Night Shiftとは？

夜間にデジタル機器の画面を見ていると睡眠に悪影響を及ぼすと言われています。Night ShiftをオンにするとiPadの画面が黄色みがかった色になり、睡眠への影響を減らせる可能性があります。

画面の明るさ

音量

長く押して設定項目を
表示する

通信に関する設定が集まっている部分は、アイコンをタップしてオン／オフを切り替えられますが、詳しく表示するには長く押します❷。

❷ 長く押します

タップか長く押して設定する

項目と現在の設定が表示されるので、アイコンをタップするか長く押して設定します❸。[AirDrop] はタップするとさらにメニューが表示されます。AirDropの使い方は54ページを参照してください。

Point 機内モードとは？

通信を制限された環境でiPadを使う時に利用するモードです。機内モードをオンにすると、Wi-Fiや電話回線など電波を使う機能を利用できなくなります。

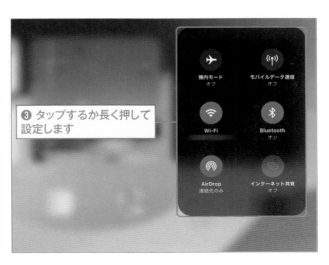

❸ タップするか長く押して設定します

Chapter 4 ［コントロールセンターのカスタマイズ］

コントロールセンターを使いやすくするには

前ページで解説したコントロールセンターにどの項目を表示するかを選ぶことができます。よく使う項目を表示すれば、すぐに利用できます。

基本 |——|——|——●—|—| 応用

趣味 |——|——●—|——|—| 実用

1 アプリ使用中に使うかどうかを設定する

「設定」の［コントロールセンター］をタップします❶。アプリの使用中にコントロールセンターを使うかどうかを設定するには、［アプリ使用中のアクセス］のスイッチをタップしてオン／オフを切り替えます❷。

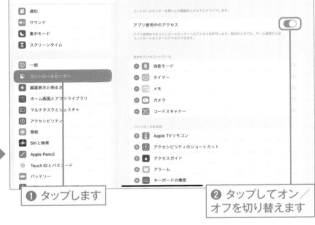

❶ タップします

❷ タップしてオン／オフを切り替えます

2 項目を追加する

コントロールセンターに表示したい項目の ⊕ をタップします❸。

❸ タップします

Point 画面収録

［画面収録］を追加し、コントロールセンターでこのボタンをタップすると、iPadの画面を動画で録画できます。録画は「写真」アプリに保存されます。

③ 使わない項目を削除する

今後は表示しない項目の◯をタップします❹。この後、右端に［削除］と表示されるのでタップします。

④ タップします

④ 表示される順番を変える

コントロールセンターに表示される順番を変えるには、▤を上下にドラッグします❺。

❺ ドラッグします

⑤ コントロールセンターに反映される

これらの設定がコントロールセンターに反映します❻。

❻ コントロールセンターに反映します

Chapter 4 ［iCloud］

iCloudを設定するには

| Pro | Air | iPad | mini |

Appleが提供するiCloud（アイクラウド）は、無料で使えるクラウドサービスです。バックアップやデータの同期、紛失したiPadを探すなど多くの機能があるので、サインインして使いましょう。

基本 ├──┼──●──┼──┤ 応用
趣味 ├──┼──●──┼──┤ 実用

1 iCloudの仕組み

iCloudはインターネットを介してデータをやりとりしたり、バックアップを取ったりすることのできるサービスです。一度設定すれば意識することなく利用できます。

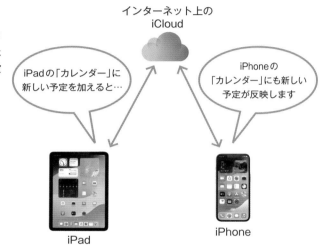

インターネット上の
iCloud

iPadの「カレンダー」に新しい予定を加えると…

iPhoneの「カレンダー」にも新しい予定が反映します

iPad

iPhone

2 サインインを始める

15ページの初期設定でApple IDを設定していない場合は、「設定」でサインインできます。「設定」で［iPadにサインイン］をタップします❶。使いたいApple IDでサインインしているデバイスがあれば、［別のAppleデバイスを使用］をタップし、そのデバイスを近づけてサインインできます❷。本書では［手動でサインイン］をタップして先に進みます❸。

 Apple ID を持っていない場合

この画面で［Apple IDをお持ちでない場合］をタップし、画面の指示に従ってApple IDを新たに作成できます。

❶ タップします

❷ タップし、別のデバイスを近づけてサインインできます

Apple ID

このデバイスで自分またはファミリー内のお子様のサインインに使用する方法を選択してください。

別のAppleデバイスを使用
別のAppleデバイスを近づけるとすばやく簡単にサインインできます。iOS 17以降で使用できます。

手動でサインイン
メールアドレスまたは電話番号とパスワードを入力して、本人確認を行なってください。

Apple IDをお持ちでない場合

❸ 本書ではこちらをタップします

3 Apple IDと
パスワードを入力する

Apple IDを入力し④、[続ける] をタップ
します⑤。この後、パスワードを入力して
[続ける] をタップします。このApple ID
で2ファクタ認証が有効になっていれば
認証画面が開くので、画面の指示に従い
ます。132ページを参照してください。

4 iPadのパスコードを入力する

iPadのパスコードを入力します⑥。この
後、同じApple IDを使っている別のデバ
イスのパスコードを求められた場合は入
力します。

> **Point** パソコンで利用するには
>
> Macでは「システム設定」でサインイン
> して設定します。Windowsパソコンで
> は、Microsoft Storeから「Windows用
> iCloud」をダウンロードしてインストール
> し、サインインして設定します。

5 サインインが完了した!

サインインしました⑦。[iCloud] をタッ
プすると、使用する機能を選ぶなどの設
定をすることができます⑧。カレンダーな
どを同期する方法は、206ページを参照
してください。

ほかのデバイスでも同じApple IDを使っ
てiCloudにサインインすると、データの
同期などの機能を利用できます。iPhone
では、「設定」でiPadと同様にサインイン
します。

⑦ サインインしました　　⑧ タップして詳しく設定します

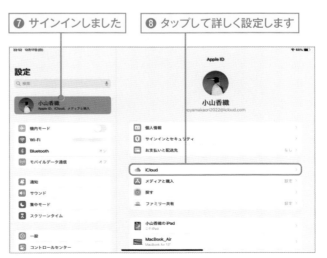

Chapter 4 ［2ファクタ認証］

Apple IDを 安全に使うには

Pro | Air | iPad | mini

情報の流出やアカウントの悪用を防ぐために、パスワードに加えて認証方法を追加するのが2ファクタ認証です。サインインする時に別のデバイスが必要なので、安全性が高まります。

基本 ├─●──┼───┤ 応用
趣味 ├───┼──●─┤ 実用

1 iPadでサインインを開始する

本書では、2ファクタ認証が有効なApple IDを使ってすでにiPhoneでサインインしていて、これからiPadでサインインする例を解説します。「設定」でiPhoneと同じApple IDとパスワードを入力し❶、[続ける]をタップします❷（131ページ手順3参照）。

Apple ID

iCloud、App Store、"メッセージ"、またはその他のAppleのサービスを使用するには、メールアドレスまたは電話番号でサインインしてください。

koyamakaori2022@icloud.com

パスワードをお忘れかApple IDをお持ちでない場合

❶ 入力します
❷ タップします

続ける

2 サインイン済みのデバイスに通知が届く

もともとサインインしていたiPhoneに、別のデバイスからのサインインを知らせる通知が届きます。自分がサインインしようとしていて問題はないので、[許可する]をタップします❸。

Point 場所は正確とは限らない

この通知に表示される場所は、サインインしようとしているデバイスのWi-Fiや携帯電話回線から推測されているものなので、正確とは限りません。

22:34

那覇市
14°
やや曇り
最17° 現14°

Apple ID サインイン が要求されました koyamakaori 2022@icloud.com
ご利用の Apple ID が千代田区 東京都近辺で iPad にサインインするために使用されています。

許可しない　　許可する

❸ タップします

3 サインイン済みのデバイスに確認コードが届く

iPhoneに確認コードが届きます❹。手順4の後、このメッセージは［OK］をタップして閉じます。

❹ 確認コードが届きます

4 iPadで確認コードを入力する

iPhoneに届いたコードを、iPadに入力します❺。6桁入力すると、自動で次へ進みます。このように、確認済みのデバイス（ここではサインイン済みのiPhone）が手元にないと別のデバイスでサインインできないので、安全性が高まるのです。

❺ 入力します

5 iPadのパスコードを入力する

iPadのパスコードを求められた場合は入力します（131ページ手順4参照）❻。これでiPadでもサインインが完了します。

❻ 入力します

Chapter 4［探す］

iCloudを利用して iPadを探すには

iPadをなくした時に、iCloudを利用してどこにあるか探すことができます。探すには、別のiPhoneやiPadの「探す」アプリかWebブラウザを使います。

基本 ├──┼──●──┼──┤ 応用
趣味 ├──┼──┼──┼──●─┤ 実用

▶ 設定を確認する

1 探す設定を開く

紛失する前に設定を確認しておきましょう。iCloudにサインインすると、「探す」機能が自動でオンになります。「設定」で自分の名前をタップし、次に右側の［探す］をタップします❶。［iPadを探す］をタップします❷。

❶ タップし、次に右側の ［探す］をタップします

❷ タップします

2 設定をオンにする

［iPadを探す］がオンになっていなければ、スイッチをタップしてオンにします❸。［"探す"ネットワーク］をオンにすると、このiPadがインターネットに接続されていなくても探せる可能性があります。［最後の位置情報を送信］をオンにすると、バッテリーが切れる直前の位置情報がAppleに自動で送信されます❹。

❸ オンにします

❹ オンにすると探せる 可能性が高くなります

紛失したiPadを探す

1 「探す」アプリを使う

自分のiPhoneやiPadが別にあれば、それを使って探せます。紛失したiPadと同じApple IDでiCloudにサインインします。「探す」アプリを起動し、[デバイスを探す] をタップすると、デバイスが表示されます❶。見つかったデバイスをタップします❷。

❷ どちらかをタップします

❶ タップします

Point Webブラウザからも探せる

自分のiPhoneやiPadがない場合は、パソコンを使ったり、ほかの人のデバイスを借りたりして探せます。WebブラウザでiCloudの「デバイスを探す」(https://www.icloud.com/find/) にアクセスし、紛失したiPadと同じApple IDでサインインします。

2 音を鳴らしたり紛失モードにしたりする

紛失したiPadから音を鳴らしたい場合は [サウンドを再生] をタップします❸。iPadが自分の近くにあれば音を頼りに探せますし、別の場所なら誰かが気づいてくれるかもしれません。iPadをロックして使えないようにするには [紛失としてマーク] の [有効にする] をタップします❹。この後、確認のメッセージが表示されたら [続ける] をタップします。次に、紛失したiPadにパスコードが設定されていなければ、設定する画面が表示されます。

❸ タップして音を鳴らします

❹ タップします

Point iPadを消去する

情報流出などが懸念される場合は、iPadの内容を遠隔消去することもできます。ただし消去すると、この機能で探せなくなります。いちばん下にある [このデバイスを消去] をタップし、画面の指示に従います。

3 メッセージを入力してロックする

自分が連絡を受けたい電話番号を入力し❺、[次へ] をタップします❻。メッセージを入力し❼、[次へ] をタップします❽。電話番号やメッセージは省略しても構いません。次の画面で [有効にする] をタップします。これでiPadは紛失モードとなりロックされます。iPadのロック画面にはここで入力した電話番号とメッセージが表示されます。iPadでパスコードを入力すると紛失モードは解除されます。

❺ 入力します

❻ タップします

❼ 入力します

❽ タップします

Chapter 4 ［バックアップ］
バックアップを取るには

iPadのバックアップを取ると、不具合が起きてリセットした時や、新しいiPadを購入した時にバックアップから復元できます。iCloudを使えば、自動でバックアップできます。

基本 ─┼──●──┼─ 応用

趣味 ─┼──┼──●─ 実用

► iCloudでバックアップする

1 iCloudで バックアップできる項目

iCloudでバックアップすると、Wi-Fiを使ってiPadのデータをインターネット上のストレージ（保存場所）に保存できます。保存されるデータは右のとおりです。

Point iTunes Store などで 購入したもの

iTunes Storeで購入した曲やApp Storeで購入したアプリなどは、バックアップに関係なく再ダウンロードできます。

iCloudでバックアップされるもの

- ● デバイスの設定
- ● ホーム画面のレイアウトとアプリの配置
- ● 購入済みの着信音
- ● Visual Voicemail のパスワード（iPhone の場合）
- ● Apple Watch のバックアップ
- ● iMessage、テキスト（SMS）、MMS メッセージ（「iCloud にメッセージを保管」を有効にしていない場合）
- ● 写真とビデオ（iCloud 写真を有効にしていない場合）
- ● アプリのデータ（iCloud で同期されていないデータ）

2 設定を開く

「設定」を開きます。自分の名前の部分をタップし、右側で [iCloud] をタップします❶。[iCloudバックアップ] をタップします❷。

❶ タップし、次に右側の [iCloud] をタップします

❷ タップします

③ バックアップを作成する

オフになっていればスイッチをタップしてオンにします③。これで、iPadが電源に接続され、ロックされ、Wi-Fi（または[モバイル通信経由でバックアップ]がオンの場合は携帯回線）に接続されている時に自動でバックアップが作成されます。[今すぐバックアップを作成]をタップしてバックアップすることもできます④。

③ タップしてオンにします

④ タップするとバックアップが始まります

④ iCloudの容量を追加する

無料で利用できるiCloudの容量は5GBです。バックアップを取ると足りなくなるかもしれません。その場合は容量を有料で追加できます。手順2の画面の上の方にある[アカウントのストレージを管理]をタップすると右図の画面になります。[ストレージプランを変更]をタップします⑤。次の画面で容量と価格を確認してiCloud+にアップグレードします。206ページのコラム「iCloud+」と222ページのコラム「Apple One」も参照してください。

⑤ タップします

▶ バックアップから復元する

① バックアップを選ぶ

iPadをリセットした、新しく購入したなどの場合は、初期設定の際にバックアップからデータを戻すことができます（15ページ参照）。iCloudと①、パソコンの②、どちらから戻すか選択します。

> **Point** パソコンにバックアップを作成する
>
> パソコンとiPadをケーブルで接続してバックアップすることもできます。MacではFinder、WindowsパソコンではiTunesでバックアップを作成します。Windows用のiTunesは、AppleのWebサイトかMicrosoft Storeから入手できます。

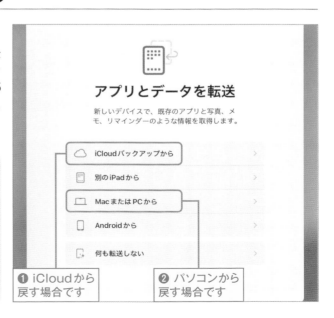

アプリとデータを転送

新しいデバイスで、既存のアプリと写真、メモ、リマインダーのような情報を取得します。

○ iCloudバックアップから

□ 別のiPadから

□ MacまたはPCから

□ Androidから

□ 何も転送しない

① iCloudから戻す場合です

② パソコンから戻す場合です

Chapter 4 ［テザリング］

iPhoneの回線で
インターネット接続するには

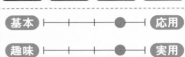

iPad Wi-Fiモデルを外出先で使う場合などに、iPhoneの携帯電話回線でiPadをインターネットに接続することができます。この使い方を「テザリング」といいます。

基本 |—|—|—|—●—|—| 応用
趣味 |—|—|—|—●—|—| 実用

1 テザリングを利用する

本書では、iPhoneの携帯電話回線を使ってiPadでインターネットに接続する方法を解説します。なおテザリングは携帯電話会社によってオプションの契約を必要とする場合があります。事前に契約やサービス内容を確認しましょう。

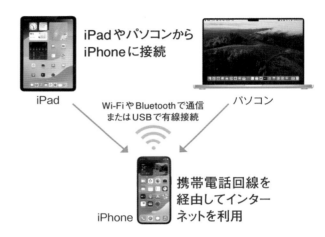

iPadやパソコンから
iPhoneに接続

iPad パソコン

Wi-FiやBluetoothで通信
またはUSBで有線接続

携帯電話回線を
経由してインター
ネットを利用

iPhone

2 「Instant Hotspot」を利用する

あらかじめiPhoneとiPadで、同じApple IDを使ってiCloudにサインインします。また、両方ともBluetoothとWi-Fiをオンにします。iPadで「設定」を開き［Wi-Fi］をタップすると❶、iPhoneが表示されます。タップすると接続し、iPadからインターネットに接続できます❷。この使い方を「Instant Hotspot」と言います。

❶ タップします
❷ タップします

Point iPhoneを操作せずにテザリングできる

Instant Hotspotを利用してテザリングする場合は、iPhoneの操作は必要ありません。ポケットやバッグに入れたままでもiPadからテザリングを利用できます。

3 テザリングをオンにする

同じApple IDでiCloudにサインインしていない場合は、Instant Hotspotではなく、手動でテザリングを利用することもできます。iPhoneで「設定」を開き、[インターネット共有] をタップします❸。[ほかの人の接続を許可]のスイッチをタップしてオンにします❹。

❸ タップします

❹ タップします

4 パスワードを入力して接続する

iPadの手順2の画面で、ネットワークの一覧からiPhoneをタップします。手順3右図に示されているパスワードを入力し❺、[接続] をタップします❻。

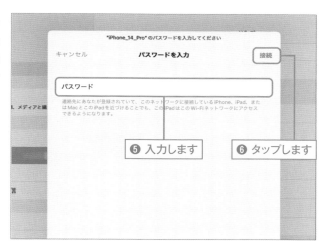

❺ 入力します

❻ タップします

5 iPhoneには状況が表示される

接続中のiPhoneには、テザリング中であることが表示されます❼。このまま使っていると通信量が増え、iPhoneの携帯電話会社との契約の上限を超えてしまうおそれがあります。使い終わったらiPadで別のWi-Fiネットワークに接続したり、手順3の画面でスイッチをタップしてオフにするなど、接続を解除しましょう。

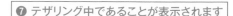

❼ テザリング中であることが表示されます

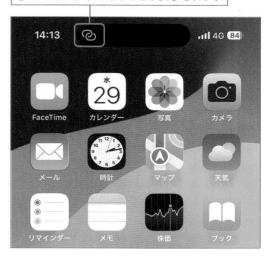

Chapter 4 ［壁紙］

新しい壁紙の画面を
追加するには

新しい壁紙の画面を追加して、ロック画面とホーム画面に設定することができます。既存の画面はそのまま残るので、いつでも切り替えて使えます。

基本 |—●—|—|—| 応用
趣味 |—|—|—●—| 実用

1 壁紙の追加を始める

「設定」を開き、［壁紙］をタップします❶。
［新しい壁紙を追加］をタップします❷。

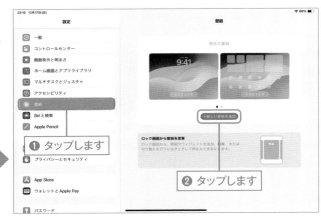

❶ タップします

❷ タップします

2 壁紙を選ぶ

好みの壁紙をタップして選択します。本書では例として［カラー］をタップします❸。

❸ タップします

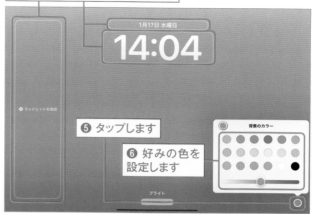

3 ロック画面を カスタマイズする

日付、時刻、[ウィジェットを追加]の領域をそれぞれタップして好みに応じて設定します④。既存のロック画面のカスタマイズと同じ手順ですので、48ページを参照してください。色の部分をタップし⑤、背景のカラーを設定します⑥。

④ それぞれタップして設定します

⑤ タップします

⑥ 好みの色を 設定します

4 壁紙の色合いを変更する

何もない部分を左右にスワイプすると、色合いを変更できます⑦。その後、[追加]をタップします⑧。

⑦ スワイプして色合いを変更します

⑧ タップします

5 壁紙を使用する

[壁紙を両方に設定]をタップすると、ロック画面とホーム画面の両方にこの壁紙が設定されます⑨。[ホーム画面をカスタマイズ]をタップして、ホーム画面の色合いなどをさらにカスタマイズすることもできます⑩。

 別の壁紙を使う

このようにして壁紙を追加した後、手順1の画面で壁紙の部分を左右にスワイプして別の壁紙に変更することができます。

⑨ タップして設定します

⑩ タップするとホーム画面を カスタマイズできます

Point 公衆無線LANでインターネットに接続する

iPad Wi-Fiモデルを外出先に持ち出したので家で使っているWi-Fiが使えない、テザリングも使えないといった場合に、公衆無線LANサービスを利用してインターネットに接続できることがあります。公衆無線LANサービスは、駅、空港、カフェ、商業施設など多くの場所で利用できます。代表的なタイプをいくつか紹介します。なお、多くの人が同時に利用できるサービスなので、セキュリティの懸念があります。機密やプライバシーに関わる情報などは通信しない方がよいでしょう。

●携帯電話会社のサービスを利用できることがある

NTTドコモのdアカウントに関して一定の条件を満たすとドコモのd Wi-Fiを利用できるなど、携帯電話会社のサービスを利用できることがあります。また、iPad Wi-Fiモデルをソフトバンクショップ、Apple、一部の量販店で購入すると、最長2年間、ソフトバンクWi-Fiスポットを無料で利用できます。各社のWebサイトなどで利用できるサービスを確認してみましょう。

●「設定」で接続したら「Safari」で確認する

「設定」の [Wi-Fi] をタップし、接続するネットワークをタップします。パスワードが必要な場合は、入力して接続します。ネットワークによっては、これだけで利用できる状態になります。「Safari」を起動し、任意のWebサイトにアクセスして確認しましょう。

●ログインや利用登録が必要なネットワークもある

「設定」の [Wi-Fi] で接続した後、接続の確認やログイン、利用登録の画面が自動で開くことがあります。あるいは、「Safari」でWebサイトにアクセスしようとした時にログインや利用登録の画面が表示されることがあります。画面の指示に従って接続やログインをしたり、自分のメールアドレスやSNSのアカウントなどを使って利用登録をしたりします。

Chapter 5

Safari、メール、メッセージを使う

Webページを見るためのブラウザとしてiPadOSに標準で搭載されているアプリが「Safari」です。「メール」アプリも標準で搭載されています。また、メッセージのやりとりに使う「メッセージ」アプリもあります。いずれも、一般によく使われるアプリです。

Chapter 5 ［Safariの基本］

ブラウザで
Webページを見るには

iPadには「Safari」（サファリ）というブラウザアプリが搭載されています。このアプリでWebページを見るための基本を解説します。

▶ Safariの基本操作を知る

1 「Safari」を起動し、サイドバーを閉じる

ホーム画面で［Safari］のアイコンをタップして起動します❶。iPadを横向きに持っていると、左側にサイドバーが自動で開いていることがあります❷。📖をタップしてサイドバーを閉じ、Webページを広い画面で見られるようにしましょう❸。

❶「Safari」を起動します

❷ サイドバーが開いています

❸ タップして閉じます

2 URLを入力する

見たいWebページのURL（アドレス）がわかっていれば、上部のフィールドをタップしてからURLを入力します❹。入力すると、候補が自動で表示されます。候補のいずれかをタップするか❺、最後まで入力して⏎をタップします❻。

❹ タップしてから入力します

❺ 候補をタップするか

❻ URLを最後まで入力してからタップします

3 ページ内のスクロールや拡大／縮小をする

目的のページが開きます。上下左右にドラッグしてスクロールできます❼。ピンチオープン／クローズで拡大／縮小ができます❽（できないページもあります）。

 Point 引っぱって更新

表示されているページを指先で上から下へ少し引っぱって離すと、最新の情報が読み込まれて更新されます。

❼ ドラッグしてスクロールします

❽ ピンチオープン／クローズして拡大／縮小ができます

4 別のページに移動する

リンクをタップすると、リンク先のページへジャンプします❾。

❾ リンクをタップしてジャンプします

5 ページを戻ったり進んだりする

リンクをたどった後で左端から右にスワイプすると前のページへ戻ります❿。戻った後に右端から左にスワイプすると、次のページへ進みます⓫。左上の < > をタップしたり長く押したりして戻ったり進んだりすることもできます⓬。

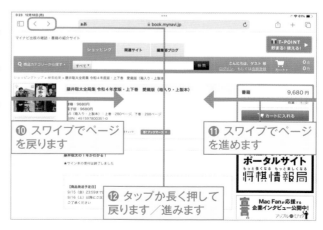

❿ スワイプでページを戻ります

⓫ スワイプでページを進めます

⓬ タップか長く押して戻ります／進みます

▶ Webを検索する

1 フィールドをタップする

見たいWebページを検索して見つけるには、フィールドをタップします❶。

Point お気に入りのページにジャンプする

この図のように、フィールドをタップするとお気に入りに登録されているページのアイコンが表示されるので、ここからタップしてジャンプできます。

2 キーワードを入力する

検索キーワードを入力します❷。検索候補が表示されるのでタップしてジャンプするか❸、↵ をタップして入力したキーワードで検索します❹。ここでは ↵ をタップします。

3 検索された！

検索結果が表示されるので、見たいページをタップします❺。

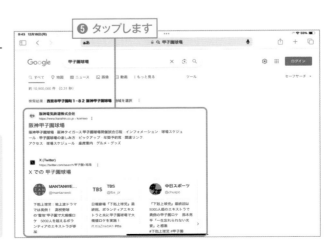

Point Google以外で検索する

初期設定ではGoogleで検索されますが、YahooやBingなどに変更することもできます。「設定」の [Safari]にある [検索エンジン]をタップして設定します。

► 履歴や検索機能を活用する

1 履歴を表示する

前に見たページをまた見たい場合に、履歴からアクセスできます。◻をタップしてサイドバーを開き❶、[履歴]をタップします❷。

❶ タップします

❷ タップします

2 履歴を利用する

見たいページをタップします❸。検索フィールドをタップして語句を入力すると履歴を検索できます❹。

❸ タップします

❹ タップして語句を入力し検索できます

3 上部のフィールドから履歴などを検索する

上部のフィールドをタップして語句を入力すると❺、Webの検索結果 Q に加え、ブックマーク 🕮、履歴 ⊘ などが表示されます❻。さらに、現在開いているページ上の語句も検索することができます❼。ここから見たいものをタップします。

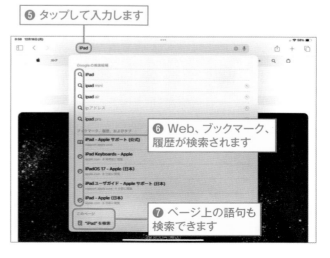

❺ タップして入力します

❻ Web、ブックマーク、履歴が検索されます

❼ ページ上の語句も検索できます

Chapter 5 ［複数ページ］

複数のページを開いて使うには

「Safari」で複数のページを開き、切り替えながら見ることができます。「タブグループ」を使うと、1つのウインドウにタブが増えすぎることがなく、便利です。

基本 ├──●──┼──┼──┤ 応用
趣味 ├──┼──●──┼──┤ 実用

▶ タブやSplit Viewを使う

1 ### 空白のページを追加する

新たに空白のページを開くには、田を
タップします**①**。これで新しいタブが追加
されます**②**。新たに開いたタブでURLを
入力したり検索したりして、見たいページ
を表示します。

① タップします

② タブが追加されました

2 ### リンクから新規ページを開く

リンクから新規ページを開くこともでき
ます。ページ上のリンクを長く押し**③**、
［バックグラウンドで開く］をタップしま
す**④**。これで、リンク先が新しいタブとし
て開きます。

Point **メニューが異なることがある**

「設定」の［Safari］で［新規タブをバック
グラウンドで開く］がオフになっていると、
④のメニューは［新規タブで開く］になり
ます。

③ リンクを長く押します

④ タップします

③ 複数のページを切り替える

複数のページを開いている場合はタブをタップすることで切り替えて見ることができます❺。タブを左右にドラッグして並べ替えられます❻。❌ をタップするとそのタブが閉じます❼。

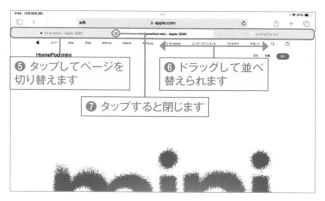

❺ タップしてページを切り替えます

❻ ドラッグして並べ替えられます

❼ タップすると閉じます

④ ページを一覧で見る

▣ をタップすると❽、ページが一覧で表示されます。見たいページをタップして大きく表示します❾。▣ をタップする代わりに、ページをかなり小さく縮小するようにピンチクローズして一覧表示にすることもできます。

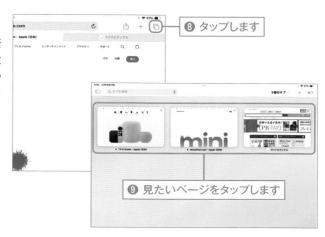

❽ タップします

❾ 見たいページをタップします

⑤ Split View で見る

手順2のメニューで［新規ウインドウで開く］をタップすると❿、リンク先のページがSplit View（28ページ参照）で表示され、2つのページを並べて見ることができます⓫。

❿ 手順2のメニューで［新規ウインドウで開く］をタップします

⓫ Split View で表示されます

Point Webページを翻訳する

外国語のWebページを見る時に、アドレスフィールドの左端にある ぁあ をタップし、［日本語に翻訳］をタップすると翻訳されます。WebページのアドレスとコンテンツがAppleに送信されるため、最初に翻訳する時に確認のメッセージが表示されます。

► タブグループを使う

1 空の新規タブグループを作成する

複数のタブを集めたタブグループを作り、ウインドウを切り替えながら使うこともできます。▭をタップしてサイドバーを開きます❶。▣をタップし❷、[空の新規タブグループ]をタップします❸。

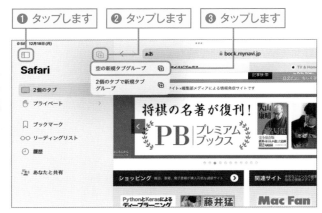

❶ タップします ❷ タップします ❸ タップします

2 タブグループの名前を入力する

タブグループの名前を入力し❹、[保存]をタップします❺。

❹ 入力します

❺ タップします

3 タブグループ内でブラウズする

作成したタブグループが選択されている状態でタブを開いてブラウズすると❻、これらのタブはこのタブグループに含まれることになります❼。

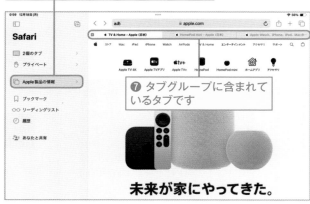

❻ 選択されている状態でブラウズします

❼ タブグループに含まれているタブです

4 ウインドウを切り替えたり タブを移動したりする

いちばん上の [X個のタブ] をタップすると❽、もともとブラウズしていたウインドウに戻ります❾。このように、サイドバーでタブグループを切り替えながら使えます。タブをドラッグして別のタブグループに移動することができます❿。

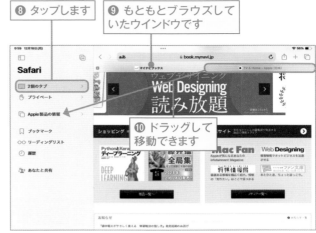

❽ タップします

❾ もともとブラウズしていたウインドウです

❿ ドラッグして移動できます

5 リンクからタブグループに開く

リンクを長く押し⓫、[タブグループに開く] をタップして⓬、次に開くメニューでタブグループをタップして選択すると⓭、選択したタブグループ内にリンク先のページを開くことができます。

⓫ リンクを長く押します

⓬ タップします

⓭ タブグループをタップして選択します

6 開いているタブから タブグループを作る

手順1のメニューで [X個のタブで新規タブグループ] をタップすると⓮、ここで開いているタブをすべて含むタブグループを新たに作成できます⓯。

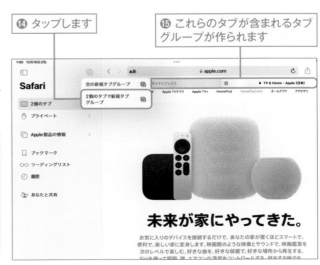

⓮ タップします

⓯ これらのタブが含まれるタブグループが作られます

Point タブグループを削除する

タブグループを削除するには、タブグループの名前（右図では [Apple製品の情報]）を左へスワイプし、右端にゴミ箱のアイコンが現れたらタップします。削除すると、このタブグループ内で開いているタブはすべて閉じます。

Chapter 5 ［ブックマーク］

ブックマークやお気に入りを活用するには

よく見るWebページは「ブックマーク」か「お気に入り」に追加しておくとすぐに開くことができます。どちらに追加しても構いません。

基本 ├──┼──●──┼──┤ 応用
趣味 ├──┼──●──┼──┤ 実用

► ブックマークやお気に入りを追加する

1 **追加したいページを表示する**

追加したいページを表示し❶、□をタップします❷。［ブックマークを追加］または［お気に入りに追加］のいずれかをタップします❸。

❶ 追加するページを表示します
❷ タップします
❸ いずれかをタップします

2 **保存する**

手順1で［ブックマークを追加］をタップした場合は、ブックマークに表示される名前を確認します。このままでも、変更しても構いません❹。［お気に入り］をタップすると❺、その下に［ブックマーク］が現れるので、これをタップします❻。その後、［保存］をタップします❼。手順1で［お気に入りに追加］をタップした場合も名前を確認して保存します。

❹ 名前を確認します
❺ タップします
❻ タップします
❼ タップします

3 ブックマークや
お気に入りを使う

保存したブックマークを使うには、□をタップしてサイドバーを開き❽、[ブックマーク]をタップします❾。次の画面でブックマークやお気に入りをタップしてWebページを開きます。

❽ タップします

❾ タップします

►「お気に入りバー」を利用する

1 お気に入りバーを表示する

「お気に入り」に保存したWebページは、「お気に入りバー」として「Safari」の画面に表示できます。「設定」を開き、[Safari]をタップします❶。[お気に入りバーを表示]のスイッチをタップしてオンにします❷。

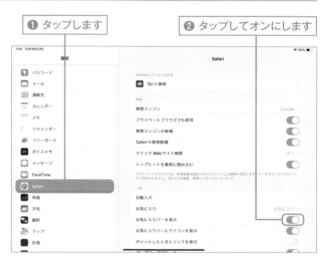

❶ タップします

❷ タップしてオンにします

2 お気に入りバーから開く

「Safari」にお気に入りが常に表示されます。すぐにタップして開けます❸。

❸ お気に入りバーです。タップして開きます

Chapter 5 ［メールアカウント］

メールアカウントを
設定するには

iPadの「メール」アプリで、iCloud、GoogleやYahoo!のメールサービス、プロバイダのメールアカウントなどを使ってメールメッセージを送受信できます。まずアカウントを設定しましょう。

基本 ●─┼─┼─┼─ 応用

趣味 ├─┼─┼─●─ 実用

▶ iPadで利用できるメールアカウント

1 ほとんどのメールアカウントを利用できる

iPadの「メール」アプリで、iCloudのほか、自分が加入しているプロバイダのメールアカウントやGmail、Yahoo!メール、Outlook.comなど、さまざまなメールアカウントを利用できます。携帯電話会社から購入したWi-Fi＋Cellularモデルでは、各社のメールサービスも利用できます。157ページのコラムを参照してください。

▶ iCloudのメールを使う

1 iCloudの設定を開く

すでにiCloudにサインインしていれば、すぐにメールを利用できます。「設定」で自分の名前をタップし❶、[iCloud]をタップします❷。

❶ タップします

❷ タップします

2 メールをオンにする

[iCloud メール] をタップします❸。次の
画面で [この iPad で使用] のスイッチを
タップしてオンにします❹。

❸ タップします

❹ 次の画面でオンにします

► Googleなどのアカウントを追加する

1 アカウントを追加する

iCloudにサインインしているアカウント
以外のものを追加する方法です。「設定」
の [メール] をタップし❶、[アカウント]
をタップします❷。次の画面で [アカウン
トを追加] をタップします❸。

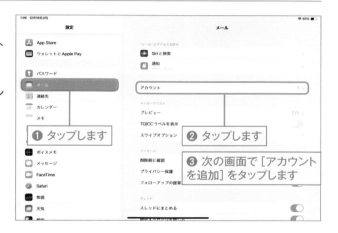

❶ タップします

❷ タップします

❸ 次の画面で [アカウント
を追加] をタップします

2 アカウントの種類を選ぶ

追加するアカウントの種類をタップしま
す。ここでは例として [Google] をタップ
します❹。

❹ タップします

3 メールアドレスと
パスワードを入力する

Googleアカウントのメールアドレスを入力します❺。[次へ] をタップします❻。次の画面で、パスワードを入力して [次へ] をタップします。

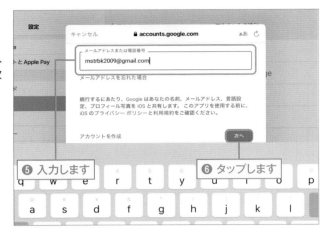

❺ 入力します
❻ タップします

4 使う機能を選ぶ

Gmailの機能のうち、どれを使うかを選ぶ画面になるので、スイッチをタップしてオン／オフを設定します❼。その後、[保存] をタップします❽。連絡先、カレンダー、メモの使用については208ページを参照してください。

❼ タップして設定します

❽ タップします

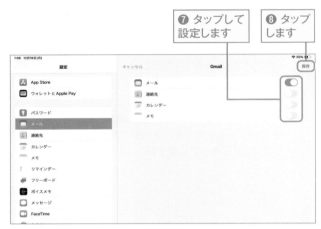

▶ プロバイダなどのメールアカウントを追加する

1 その他のアカウントを追加する

プロバイダのメールアカウントなど、前ページいちばん下の手順2の図にないものを追加するには、[その他] をタップします❶。[メールアカウントを追加] をタップします❷。

❶ 前ページいちばん下の手順2で [その他] をタップします

❷ タップします

2 メールアドレスなどを入力する

必要な内容を入力し❸、［次へ］をタップします❹。アカウントによっては、これだけで設定が完了します。

❸ 入力します　❹ タップします

3 サーバの情報などを入力する場合もある

手順2で完了しない場合は設定の画面が開きます。サーバのアドレスなどを画面の指示に従って入力し、設定します❺。入力する情報は、プロバイダの書類やWebサイトなどで確認してください。

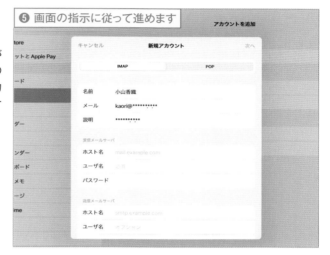

❺ 画面の指示に従って進めます

Point 携帯電話会社のメールサービスを利用する

Wi-Fi＋CellularモデルのiPadでは、携帯電話会社との契約に応じて、各社のメールサービスも「メール」アプリで利用できます。NTTドコモでは「@docomo.ne.jp」、auでは「@au.com」か「@ezweb.ne.jp」、ソフトバンクでは「@i.softbank.jp」のメールアカウントが付与されます。購入時に販売店で設定が完了していることもありますが、自分で設定する場合には各社のWebサイトなどを参照してください。各社とも、Webサイトから「プロファイル」と呼ばれる設定ファイルをダウンロードして設定できます。

Chapter 5 ［メールの受信］

メールを受信するには

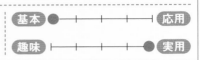

「メール」アプリを起動し、受信メッセージの一覧をタップして読みます。不要になったメッセージは削除しましょう。

基本 ●——┼——┼——┼——┼ 応用
趣味 ┼——┼——┼——┼——● 実用

▶ メールメッセージを読む

1 メールの未読数が表示される

未読の受信メッセージがあると、[メール]のアイコンに数字が表示されます❶。このアイコンをタップして起動します。

❶ 未読メッセージ数が表示されます。タップします

2 メッセージを読む

一覧からメッセージをタップすると❷、読むことができます❸。複数のメールアカウントが設定されている場合、▢ をタップすると別のアカウントに切り替える画面になります❹。

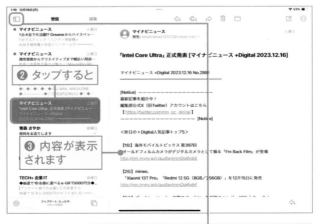

❷ タップすると

❸ 内容が表示されます

❹ タップしてアカウントを切り替えられます

 Point iPadを縦向きに持っている時

iPadを縦向きに持っていると、メッセージの内容がフルスクリーンで表示され、左側のメッセージの一覧は隠れています。画面左上の▢をタップした時だけ一覧が現れ、一覧からメッセージをタップすると一覧は自動で隠れます。

▶ 受信メールメッセージを整理する

1 削除や状態の変更をする

不要なメールメッセージは、右から左端までスワイプすると、すぐに削除できます❶。逆に左から右にスワイプすると、開封済みのメールメッセージを未開封にすることができます❷。未開封の場合は開封済みになります。

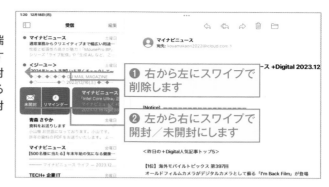

❶ 右から左にスワイプで削除します

❷ 左から右にスワイプで開封／未開封にします

2 メニューから操作する

右から左に少しスワイプすると、メニューが表示されます❸。ゴミ箱をタップしてメッセージの削除、[フラグ]をタップしてメッセージに目印を付けることができます。[その他]をタップすると返信などができます❹。

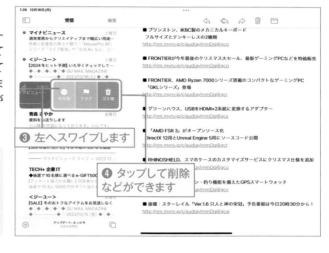

❸ 左へスワイプします

❹ タップして削除などができます

Point メッセージを長く押す

一覧からいずれかのメッセージを長く押すと、そのメッセージのプレビューとメニューが表示されます。

3 いっぺんに削除する

[編集]をタップし❺、メールメッセージを次々にタップして選択します❻。[ゴミ箱]をタップすると、まとめて削除できます❼。

❺ ここにある[編集]をタップ（タップ後はこの表示になります）

❻ タップして選択します

❼ タップしてまとめてゴミ箱に移動します

Point [アーカイブ]と表示される

Gmailアカウントの場合は、[ゴミ箱]ではなく[アーカイブ]と表示されます。

Chapter 5 ［メールの送信］

メールを送信するには

新規のメッセージや、受信したメッセージに対する返信のメッセージを作成し、送信します。写真を添付して送ることもできます。メッセージ作成画面に関する便利な操作も紹介します。

► メールメッセージを作成して送る

1 宛先を入力する

「メール」アプリを起動し、✑ をタップします❶。［宛先］に送る相手のメールアドレスを入力するか❷、⊕ をタップして「連絡先」アプリから選択します❸。

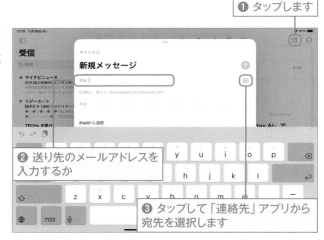

❶ タップします

❷ 送り先のメールアドレスを入力するか

❸ タップして「連絡先」アプリから宛先を選択します

2 発信元を確認する

複数のアカウントを設定している場合は、どのアカウントから送信するかを決めます。自分のアカウントが表示されている部分をタップします❹。

❹ タップします

3 アカウントを選択する

［差出人］に書かれているアカウントを
タップします❺。メニューが表示された
ら、発信元にしたいアカウントをタップし
て選択します❻。

4 件名と本文を入力して送信する

［件名］と本文を入力し❼、⬆をタップし
て送信します❽。なお、⬆を長く押すと、
メッセージを送信する日時を指定して、後
で送信できます。

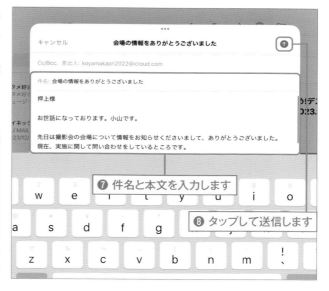

Point 送信を取り消す

❽をタップした直後、左側のメッセージの
リストの下部に［送信を取り消す］と10秒
間表示され、これをタップすると送信を取
り消せます。取り消せる時間を10秒より
長くしたい場合は、「設定」で左側の［メー
ル］をタップし、右側の［送信を取り消すま
での時間］をタップして設定します。

5 受信したメッセージに返信する

返信したいメッセージをタップして選択
し❾、↩をタップします❿。これで、メッ
セージ作成画面が開くので、本文を入力
して送信します。

▶ 写真を送る

1 写真を添付する

写真を入れたい位置にカーソルを置いてから、その位置をタップします❶。メニューが表示されたら、[写真またはビデオを挿入] をタップします❷。なお、メニューに [写真またはビデオを挿入] が表示されていない場合は、メニューの右端にある ▷ をタップして表示します。この後、「写真」アプリに保存されている写真が表示されるので、選択します。

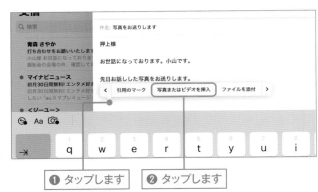

2 写真の大きさを変更する

添付する写真の容量が大きい場合、縮小してから送信できます。容量が書かれているところをタップします❸。この後、選択肢が表示されるのでタップして選択します。

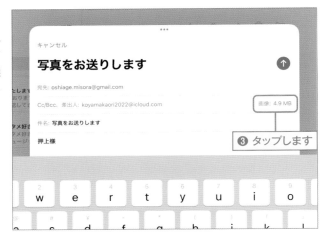

▶ メッセージ作成画面を操作する

1 タイトルバーをスワイプする

メールメッセージを作成中にほかのメッセージなどを確認したくなっても、書きかけのメッセージを閉じる必要はありません。[…] を下へスワイプします❶。または作成中のメッセージ以外のどこかをタップします❷。

２ ほかのメッセージを参照する

シェルフ（33ページ参照）になります❸。画面のどこかをタップするとシェルフは一時的に消えますが❹、［…］をタップすると再びシェルフが表示されます❺。シェルフから作成中のメッセージをタップすると、前ページいちばん下の手順1の画面に戻ります。

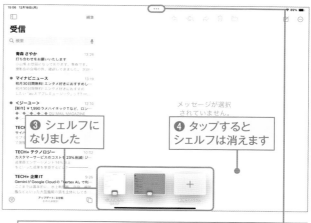

❸ シェルフになりました
❹ タップするとシェルフは消えます
❺ 消えた後でタップすると、シェルフが再度表示されます

３ Split Viewか Slide Overにする

シェルフにする方法のほかに、作成中のメッセージの上部にある［…］をタップし❻、［Split View］❼か［Slide Over］❽をタップしてどちらかの表示にすることもできます。

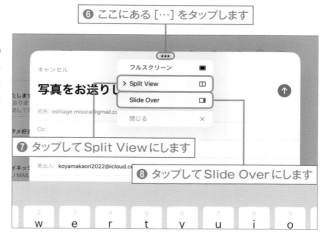

❻ ここにある［…］をタップします
❼ タップしてSplit Viewにします
❽ タップしてSlide Overにします

Point 署名を編集する

新規や返信のメッセージを作成すると、本文に自動で署名が挿入されます。初期状態では「iPadから送信」となっています。署名を編集するには「設定」を起動して［メール］をタップし❶、［署名］をタップして❷、次の画面で署名を入力します。複数のアカウントが設定されている場合、すべてのアカウントで同じ署名を使うことも、アカウントごとに変えることもできます。

❶ タップします
❷ タップします

Chapter 5 ［メッセージ］

メッセージで
やり取りするには

「メッセージ」アプリでは、Apple IDを利用してメッセージのやり取りができます。画面上部に表示される通知からすばやく返信する方法もあります。

基本 ●———————— 応用
趣味 ├——————●— 実用

▶「メッセージ」アプリで使うApple IDを確認する

1 Apple IDを確認する

「メッセージ」アプリでは、基本的にApple IDでメッセージをやり取りします。この仕組みを「iMessage（アイメッセージ）」と言います。「設定」の［メッセージ］をタップします❶。セットアップでApple IDを設定していればサインインしていますが、まだしていなければApple IDとパスワードを入力してサインインします。［iMessage］をオンにします❷。相手からは［送受信］に表示されているApple IDのアドレス宛にメッセージを送ってもらいます。自分からメッセージを送ると、相手にはこのアドレスが通知されます❸。

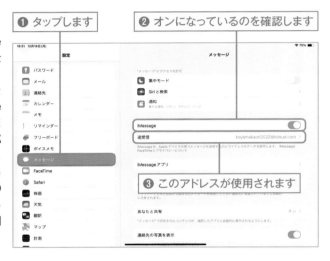

❶ タップします　❷ オンになっているのを確認します

❸ このアドレスが使用されます

▶「メッセージ」アプリでメッセージを送受信する

1 新規メッセージを作成する

新しくメッセージを作成するには、「メッセージ」アプリを起動して ☑ をタップします❶。宛先を入力するか❷、⊕ をタップして「連絡先」アプリから選択します❸。文章を入力し❹、↑ をタップして送信します❺。

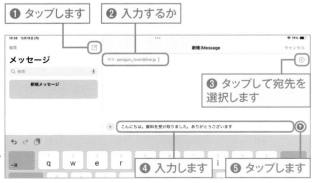

❶ タップします　❷ 入力するか

❸ タップして宛先を選択します

❹ 入力します　❺ タップします

2 相手からのメッセージが 表示される

相手からメッセージが来ると、左側に表示されます❻。右側は自分が送ったメッセージです❼。

Point メッセージの編集や取り消し

右図の❼で示した送信済みメッセージを長く押すと、編集（送信後15分以内）や取り消し（送信後2分以内）ができます。相手は編集前のメッセージも見ることができます。取り消したメッセージは相手には見えませんが、取り消したことは表示されます。ただし、相手のOSのバージョンによって動作が異なることがあります。

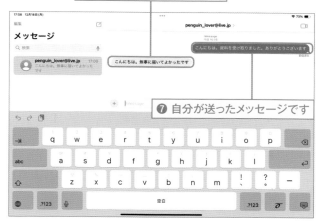

❻ 相手からのメッセージです

❼ 自分が送ったメッセージです

3 特定のメッセージに返信する

多くのメッセージをやり取りしていると、どのメッセージに対する返信か、わかりづらくなることがあります。このような場合に、受け取ったメッセージを右にスワイプします❽。この後、メッセージの欄が表示されるので、入力して送信します❾。

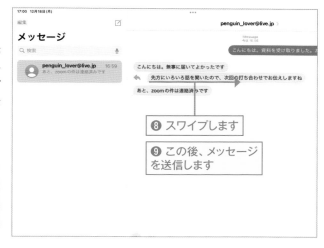

❽ スワイプします

❾ この後、メッセージを送信します

Point Macともやり取りできる

「メッセージ」アプリを使って、iPhoneやMacともやり取りをすることができます。

4 特定のメッセージに対する 返信を見る

手順3のように返信すると、送信側にも受信側にも、どのメッセージに対する返信かがわかるように表示されます❿。

❿ このように表示されます

Point 通知から返信する

iPadを使っている時にメッセージを受信すると、画面上部に通知が表示されます。64〜65ページで解説したように、通知を下にスワイプしてすぐに返信できます。

Chapter 5 ［ステッカーとミー文字］

ステッカーやミー文字を使うには

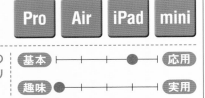

イラストのステッカーや自分で撮った写真から作ったステッカー、自分の顔に似せたミー文字を利用できます。ここでは主に「メッセージ」アプリの画面で解説しますが、「メール」や「メモ」などのアプリでも使えます。

基本 ━━━━●━━ 応用

趣味 ●━━━━━ 実用

▶ ステッカーを使う

1 ステッカーを表示する

「メッセージ」アプリで、メッセージ入力欄の左にある［＋］をタップし❶、［ステッカー］をタップします❷。次の画面で、右上にある［編集］をタップします❸。

> **Point** ステッカーが付属する
> アプリがある
>
> アプリをインストールするとステッカーも一緒に入手できるアプリがあります。例えばAppleの音楽制作アプリの「GarageBand」がこれにあたります。

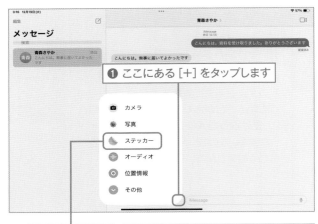

❶ ここにある ［＋］ をタップします

📷 カメラ
🖼 写真
🏷 ステッカー
〰 オーディオ
◎ 位置情報
⌄ その他

❷ タップします

❸ 次の画面で ［編集］ をタップします

2 ステッカーを入手する

［App Storeでステッカーアプリを入手］をタップします❹。この後、入手できるアプリが表示されるので、通常のアプリと同様に入手します。

編集　ステッカーアプリを管理　完了

ステッカーアプリ

📰 日経電子版
☁ ミー文字のステッカー
🎸 GarageBand

App Storeでステッカーアプリを入手

❹ タップします

ステッカーを選んで送信する

手順1と同様に、[+]をタップし、[ステッカー]をタップします。ステッカーの分類をタップして選択し❺、使いたいステッカーをタップします❻。⬆をタップして送信します❼。

> **Point** ほかのアプリでも利用できる
>
> 右図は「メッセージ」アプリですが、「メール」や「メモ」などのアプリでは絵文字キーボード（114ページ参照）の左端からステッカーを利用できます。

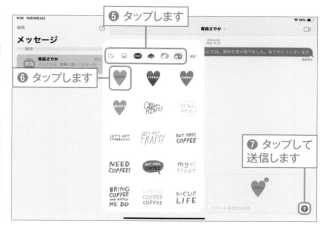

▶ 写真からステッカーを作る

1 「写真」アプリから 作成を始める

撮影した写真からオリジナルのステッカーを作成できます。「写真」アプリでステッカーにしたい写真を表示します❶。ステッカーにしたい対象物を長く押し、輪郭が光るようなアニメーションが表示されたら指を離します❷。メニューが表示されるので[ステッカーに追加]をタップします❸。

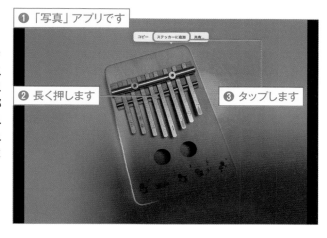

2 ステッカーが作成される

このまま完成として、「メッセージ」アプリに切り替えても構いません。特殊効果をつけたい場合は、[エフェクトを追加]をタップし、次の画面で効果を選んで[完了]をタップします❹。

3 作成したステッカーを使う

「メッセージ」アプリのステッカーを選ぶ画面で をタップすると、作成したステッカーが表示されます❺。タップして使用します❻。

❺ タップします

❻ タップして使用します

> **Point** iCloudで同期される
>
> 作成したステッカーはiCloudで同期されます。このため、このようにして作成したステッカーは、同じApple IDでサインインしているiPhoneでも使用できます。

▶ ミー文字を作る

1 ミー文字の作成を始める

自分に似せた顔やキャラクターのようなものを作ることができます。本書では「メッセージ」アプリから作る手順を解説します。166ページ手順1と同様に、［＋］をタップし、［ステッカー］をタップします。 をタップします❶。

❶ タップします

2 ミー文字を作って使用する

 をタップし❷、画面の指示に従って顔を作成します。作成したミー文字をタップし❸、好みの表情をタップするとステッカーと同様に送信できます❹。

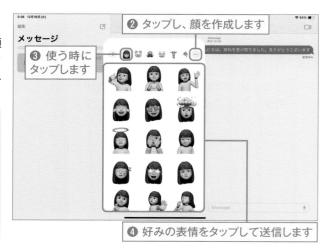

❷ タップし、顔を作成します

❸ 使う時にタップします

❹ 好みの表情をタップして送信します

> **Point** ミー文字のアニメーションを作って送信する
>
> 一部のiPad Proでは、166ページ手順1のメニューで［その他］をタップし、次の画面で［ミー文字］をタップすると、カメラに向かって自分が話す表情と声を使ってミー文字が話すアニメーションを作り、ステッカーと同様に送信できます。

Chapter 6

写真やビデオを楽しむ

iPadには高品質のカメラが搭載され、パノラマ写真や連写などの機能もあります。ビデオや、スローモーションビデオなどを撮影することもできます。写真やビデオの編集機能も、標準で搭載されています。カメラや写真に写る文字をテキストデータとして認識する方法も紹介します。

Chapter 6［カメラ］
iPadのカメラで写真を撮るには

Pro | Air | iPad | mini

iPadはレンズの性能もよく、美しい写真を簡単に撮影できます。撮影の基本操作を知っておきましょう。

基本 ●━━┼━━┼━━┼━━ 応用

趣味 ┠━━┼━━●━━┼━━┨ 実用

1 カメラを起動する

ホーム画面で［カメラ］をタップして起動します❶。初めて起動した時などに位置情報のダイアログが表示されます。正確な位置情報を記録するかどうかをタップして設定します❷。［1度だけ許可］または［Appの使用中は許可］をタップすると、撮影した写真やビデオに位置情報が記録されます❸。ただし撮影時に携帯電話回線やWi-Fiネットワークに接続しないと、位置情報が認識されない、または不正確になることがあります。

❷ タップして設定します

❸ どちらかをタップすると位置情報が記録されます

❶ タップして起動します

2 写真を撮影する

撮影モードを上下にスワイプして［写真］または［スクエア］を選択します❹。［スクエア］を選択すると正方形の写真が撮れます。［写真］を選択した場合、◉をタップして斜線の入った状態にします❺。◯をタップすると撮影できます❻。撮影した写真は「写真」アプリに自動保存されます。

❹ スワイプして［写真］か［スクエア］を選択します

❺ 斜線が入った状態にします

❻ タップします

Point 本体のボタンで撮影する

iPad本体の音量を上げる、または下げるボタンを押して撮影することもできます。

Live Photosを撮影する

をタップして黄色の三重丸の状態にします❼。をタップして撮影します❽。これでLive Photosを撮影できます。

> **Point** Live Photosとは？
>
> シャッターを押した瞬間の前後1.5秒ずつ、計3秒の動画と音を記録した短い動画、言ってみれば「動きのある写真」です。

❼ 斜線のない状態にします
❽ タップします

撮影した写真を確認する

撮影した写真をすぐに確認するには、写真のサムネール（縮小表示）をタップします❾。

> **Point** ロック画面からすぐに起動する
>
> ロック画面で右から左へスワイプして「カメラ」アプリを起動することもできます。ロックされた状態からすぐ撮影したい時に便利です。

❾ タップします

写真が表示される

写真が表示されます。左右にスワイプして前後の写真に移動できます❿。失敗した写真はをタップし⓫、[写真を削除]をタップして削除できます⓬。<をタップすると、撮影に戻ります⓭。

> **Point** Live Photosを見る
>
> Live Photosは、写真を押したままにしていると動きます。

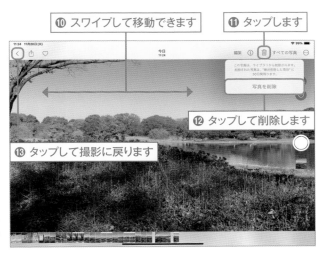
❿ スワイプして移動できます
⓫ タップします
⓬ タップして削除します
⓭ タップして撮影に戻ります

Chapter 6 ［ビデオの撮影・再生・編集］

ビデオを撮影して
編集するには

iPadの内蔵カメラでビデオを撮影するには、写真撮影と同じく「カメラ」アプリを使います。背面のカメラで、通常のビデオのほか、スローモーション、タイムラプスのビデオが撮れます。

基本 ●───┼───┼───┤ 応用
趣味 ├───┼──●──┼───┤ 実用

▶ ビデオを撮影する

1 モードを切り替える

「カメラ」アプリを起動します。モードをスワイプして、［ビデオ］、［スロー］、［タイムラプス］のいずれかを選択します❶。録画ボタンをタップして、録画を始めます❷。

> **Point** タイムラプスとは？
>
> 一定間隔で撮った写真をパラパラマンガとして再生し、高速の早送りのような動画にするものです。テレビやインターネットで、カメラは動かずに日の出から日の入りまでが超高速で移り変わるといった映像を見たことはありませんか？ あのような動画をタイムラプスで撮影できます。

❶ スワイプして選択します

❷ タップして録画開始します

2 撮影中にズームする

ビデオやスローの撮影中に画面をピンチオープン／クローズして、ズーム撮影できます❸。録画ボタンをタップして撮影を終了します❹。

> **Point** 撮影をサポートする機能
>
> ビデオ撮影でも人の顔が認識されて、ピントが合います。手ぶれ補正機能も搭載されています。

❸ ピンチしてズームできます

❹ タップして撮影を終了します

3 撮影中にピントを変える

画面をタップするとそこにピントが合います。これを利用して、ある場所をタップしてビデオを撮り始め❺、撮影中に別の場所をタップしてピントの合う位置を変えられます❻。

❺ タップして撮り始め

❻ 撮影中にタップすると
ピントが移動します

▶ ビデオの画質と容量を選ぶ

1 ビデオ撮影の設定を変える

高画質の設定だと美しく撮れますが、iPadの保存容量を多く必要とします。ビデオをたくさん撮って容量が不足気味になるなら、設定を見直すとよいでしょう。「設定」の［カメラ］をタップし❶、［ビデオ撮影］をタップします❷。

Point スロー撮影の設定

モデルによっては120fpsと240fpsの2種類のスローモーションビデオを撮ることができます。右図の画面で［スローモーション撮影］をタップすると設定できます。240fpsはスーパースローです。

❶ タップします

❷ タップします

2 設定を選択する

使用する設定をタップして選択します❸。一覧の上のものほど容量が少なく、下のものほど高画質で大容量です。ここに表示される項目は、iPadのモデルにより異なります。

Point iPadの空き容量を確認する

「設定」の［一般］をタップし、［情報］または［iPadのストレージ］をタップすると、空き容量を確認できます。

❸ タップして選びます

▶ 撮影したビデオを見る

1 「写真」アプリで見る

撮影したビデオは、写真と同様に撮影後にサムネールをタップして再生できます（171ページ参照）。または、「写真」アプリから探します。ビデオのサムネールには時間が表示されています。ビデオをタップします❶。

❶ ビデオはこのように表示されます。タップします

2 再生をコントロールする

再生が始まります。[Ⅱ] をタップすると、一時停止します❷。[🔊] をタップすると音を出したり止めたりできます❸。画像が並んでいる部分を左右にドラッグすると、見たい箇所を頭出しできます❹。

❷ タップして一時停止します

❸ タップして音をオン／オフします

❹ ドラッグして頭出しできます

▶ ビデオの不要な部分を切り取る

1 編集を開始する

ビデオを表示し、[編集]をタップします❶。

❶ タップします

2 残す部分を選択する

■ をタップします❷。タイムライン（下部に表示される横長の部分）の、左右いずれかの端を長く押したまま少し動かすと黄色の枠が表示されます。そのまま左右にドラッグして、残したい部分だけが黄色の枠で囲まれるようにします❸。その後、■ をタップします❹。メニューのどちらかをタップして保存します❺。

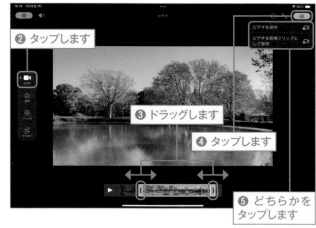

❷ タップします

❸ ドラッグします

❹ タップします

❺ どちらかを
タップします

▶ スロー再生の範囲を変える

1 編集を開始する

スローモーションのビデオを表示して［編集］をタップします❶。

❶ タップします

2 範囲を調整する

短い縦線の部分を左右にドラッグして、スロー再生したい部分を選びます❷。線の間隔がまばらな部分が、スロー再生される範囲です。▶ をタップすると確認できます❸。設定が終わったら ■ をタップします❹。

❷ 左右にドラッグします

❸ タップして
再生できます

❹ 設定後に
タップします

Chapter 6 ［カメラの活用］

さまざまな写真撮影を楽しむには

前面のカメラ、ズーム、露出の調整、タイマーなど、iPadのカメラにはまだまだたくさんの機能があります。用途に応じて活用しましょう。

基本 ├──┼──┼──●──┤ 応用
趣味 ├──●──┼──┼──┤ 実用

▶ カメラのさまざまな機能を使う

1 前面と背面のカメラを切り替える

自分撮りなどのために前面のカメラと背面のカメラを切り替えるには、をタップします❶。カメラが交互に切り替わります。

Point ポートレートモード

2018年以降に発売されたiPad Proは、前面カメラでポートレートモードの撮影ができます。ポートレートモードで撮ると、背景がぼけて人物が引き立つ写真になります。

❶ タップします

2 任意の場所にピントと露出を合わせる

通常は中心部を基準にピントと露出が自動で調整されますが、タップしてその部分にピントと露出を合わせることもできます❷。明るい場所をタップすると、そこにあわせて全体が暗くなります。反対に、暗いところをタップすると全体が明るくなります。

Point ピントと露出を固定する

ピントと露出を合わせたい部分をタップではなく長く押すと、その部分にAE/AFロックされます（AEは自動露出、AFはオートフォーカス）。iPadを動かしてもピントと露出が動きません。

❷ タップしたところを基準に調整されます

3 露出を手動で調整する

手順2で解説したように画面をタップしてピントと露出を合わせてから、画面の任意の場所を上へスワイプするとより明るく、下へスワイプするとより暗くなります❸。好みの明るさにしてから撮影します。

❸ 上下にスワイプして明るさを調整します

4 タイマーを使う

⏱をタップし❹、[3秒] または [10秒] のいずれかをタップして選択します❺。この後、シャッターボタンを押すと、選択した秒数の後に高速で10枚連写されます。

❹ タップします

❺ タップして選択します

Point 顔は自動で認識される

人の顔を認識すると、そこに対してピントと露出が自動調整されます。検出された顔に目印の枠が表示されます。

5 ズームして撮影する

ズームするには、2本の指でピンチオープン／クローズします❻。画面に倍率の数字が表示されているモデルでは、倍率の数字をタップしたり、長く押してからドラッグしたりしてズームすることもできます。

❻ ピンチオープン／クローズしてズームします

6 バーストで連写する

撮影モードを［写真］または［スクエア］に
合わせ❼、◻ を押したままにします❽。押
している間、高速で連写されます。これを
「バースト」といいます。

❼ ［写真］または［スクエア］
にします

❽ 押したままにすると
高速で連写できます

7 フラッシュをたいて撮る

一部のモデルにはフラッシュが内蔵され
ています。◢ をタップし❾、［自動］または
［オン］をタップして選択してから撮影し
ます❿。［自動］は、暗い時に自動でフラッ
シュが光ります。［オン］は常にフラッシュ
が光ります。

❾ タップします

❿ どちらかをタップします

8 構図の機能を使う

「設定」の［カメラ］をタップします⓫。［グ
リッド］をオンにすると、撮影時の画面に
縦横をそれぞれ３分割する細線が表示さ
れます⓬。［水平］をオンにすると、撮影時
にiPadを地面に対して水平または垂直に
近い角度に構えた時に、まっすぐになって
いるかどうかを示す目安の線が表示され
ます⓭。

⓫ タップします

⓬ オンにすると構図のための
線が表示されます

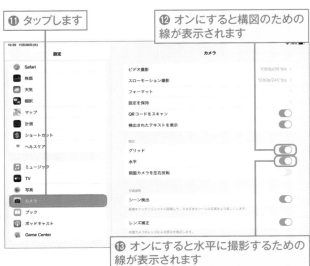

⓭ オンにすると水平に撮影するための
線が表示されます

QRコードを利用する

手順8の画面で［QRコードをスキャン］をオンにしておきます。カメラをQRコードに向けると読み取られます⓮。WebサイトのURLの場合は、画面下部の認識結果をタップしてアクセスできます⓯。または ▣ をタップしてリンクをコピーしたりすることもできます⓰。

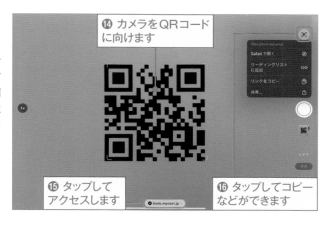

⓮ カメラをQRコードに向けます

⓯ タップしてアクセスします

⓰ タップしてコピーなどができます

▶ パノラマ撮影をする

パノラマモードを使う

撮影モードを［パノラマ］に合わせます❶。この図は、iPadを縦向きに持ち、左から右へ動かして横長のパノラマ写真を撮影する状態です。撮り始めたいところにiPadを向けてから ◯ をタップします❷。

Point 撮る方向を変える

画面の中ほどにある白い矢印をタップすると矢印の向きが変わり、右から左へ撮影できます。また、iPadを横向きにかまえると、縦長のパノラマ写真を撮影できます。

❶ ［パノラマ］に合わせます

❷ 撮り始めたいところに向けてからタップします

動かしながら撮る

白い矢印がセンターラインからずれないように気をつけながら、右へ回転していきます❸。目的のところまで動かしたら ◯ をタップして撮影を停止します❹。パノラマで撮影できる最大範囲まで動かすと、タップしなくても自動で撮影が終了します。

❸ iPadを右へ動かします

❹ タップして撮影を停止します

Chapter 6 ［写真の閲覧と整理］
写真やビデオを見るには

写真やビデオは「写真」アプリに保存されています。写真やビデオを見たり、アルバムを作って整理したりする方法を紹介します。

基本 ├──●──┼──┼──┤ 応用
趣味 ├──┼──┼──●──┤ 実用

▶ 写真を見る

1 年別に見る

ホーム画面で［写真］をタップして起動します。サイドバーの［ライブラリ］をタップし❶、［年別］をタップすると❷、写真が年別に表示されます。いずれかの年をタップすると、月別の画面になります❸。

❶ タップします　❷ タップします

❸ タップすると月別になります

2 月別に見る

［月別］をタップすると❹、写真が月別に表示されます。いずれかをタップすると、日別の写真が表示されます❺。

Point 検索する

サイドバーの［検索］をタップすると、撮影地や、「花」「鳥」といったカテゴリなどで写真を見ることができます。また「2024年」「1月」「観覧車」などと入力して検索することもできます。比較的新しいモデルのiPadでは、対象物だけでなく、写っている文字が認識されて検索されることもあります。

❹ タップします

❺ タップすると日別になります

3 日別に見る

[日別]をタップすると、写真が日別に表示されます。いずれかをタップすると、その写真が大きく表示されます❼。

Point サイドバーの表示／非表示を切り替える

サイドバーは、左上の▢◨をタップすると表示したり隠したりすることができます。

❻ タップします

❼ タップするとこの写真が大きく表示されます

4 すべての写真を見る

[すべての写真]をタップすると、すべての写真が時系列で表示されます。いずれかをタップすると、その写真が大きく表示されます❾。ピンチ操作で写真の表示を拡大／縮小できます❿。

Point バーストの写真

バーストの写真は、[すべての写真]の画面で写真が何枚も重なっているように表示されます。タップし、次の画面で上部の[選択]をタップすると、すべての写真を見たり、写りの良いものを選んだりできます。

❽ タップします

❾ タップするとこの写真が大きく表示されます

❿ ピンチして表示サイズを変更します

5 写真が大きく表示されている時

写真が大きく表示されている時、左右にスワイプすると前後の写真が表示されます⓫。ピンチ操作で拡大／縮小できます⓬。🗑 をタップすると、この写真を削除できます⓭。左上の く をタップするか、画面のサイズよりもさらに縮小するような感じでピンチ操作をすると、直前の画面になります。

⓫ スワイプすると前後の写真へ移動します

⓬ ピンチ操作で拡大／縮小できます

⓭ タップして写真を削除します

写真から情報を調べる

181ページ手順5のように写真を大きく表示した時、のようなアイコンが表示されることがあります。これをタップし⑭、[調べる]をタップすると⑮、たとえば写っている花の種類など、対象物や撮影場所などについて調べることができます。

⑭ タップします

⑮ タップして調べます

Point iCloudにも保存される

iCloudにログインしていると、撮影した写真は初期設定でiCloudにも保存されます。不要な場合やiCloudの容量が足りない場合はオフにできます。206ページ手順2の画面で[写真]をタップしてオフにします。

撮影した場所ごとに見る

[撮影地]をタップすると地図が表示されます⑯。ピンチ操作で適切な縮尺に拡大／縮小します⑰。サムネールをタップするとその場所で撮った写真が表示されます⑱。

⑯ タップします

⑰ ピンチして適切な縮尺にします

⑱ タップするとこの場所で撮った写真が表示されます

Point 種類ごとに見る

サイドバーの[メディアタイプ]に[ビデオ]や[Live Photos]などの項目があり、タップするとその種類の写真やビデオだけが表示されます。

► アルバムを作って整理する

写真の選択を始める

[ライブラリ]の[日別]または[すべての写真]の画面で[選択]をタップします❶。

❶ タップします

Point メモリー

写真がある程度たまってからサイドバーの[For You]をタップすると、[メモリー]が表示されます。メモリーとは、関連する日付、場所、写っているものに基づいて自動で写真やビデオが集められ、短いムービーも作られるものです。

2 アルバムに入れる写真を選択する

写真を次々にタップするか、複数の写真をなぞるように指先を動かして選択します❷。をタップし❸、[アルバムに追加]をタップします❹。

Point ピープルとペット

サイドバーの[ピープル]をタップすると、写っている人に基づいて写真が自動で整理された結果が表示されます。犬や猫が識別されている場合には、サイドバーの表示が[ピープルとペット]となります。

❷ 選択します

❸ タップします

❹ タップします

3 新規アルバムを作成する

[新規アルバム]をタップします❺。アルバムの名前を入力して❻、[保存]をタップします❼。これでアルバムが作られます。

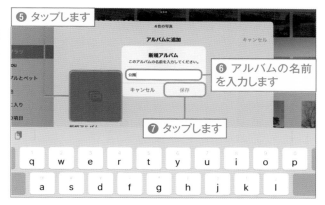

❺ タップします

❻ アルバムの名前を入力します

❼ タップします

4 アルバムを見る

アルバムの名前をタップすると❽、アルバムに含まれる写真を見ることができます❾。[＋]をタップするか❿、[ライブラリ]から写真を❽で示したアルバム名にドラッグ＆ドロップして、このアルバムに写真を追加できます。

Point 削除した写真を取り戻せる

サイドバーに[最近削除した項目]があります。削除した写真は30日間ここに保存され、元に戻すことができます。[最近削除した項目]をタップすると、Touch IDかFace ID、またはパスコードを求められます。

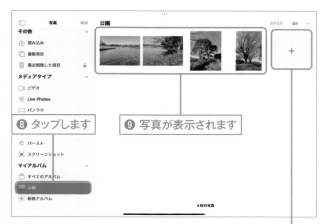

❽ タップします

❾ 写真が表示されます

❿ ここをタップして写真を追加できます

Chapter 6 ［テキスト認識表示］

画像の中の文字をテキストデータにするには

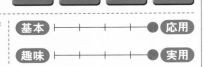

比較的新しいモデルのiPadでは、「カメラ」アプリや「写真」アプリで画像に写っている文字をテキストデータとして認識することができます。ビデオに写っている文字も認識されます。

基本 ●——————— 応用
趣味 ●——————— 実用

---

1 テキスト認識表示をオンにする

「設定」の［一般］をタップし、右側の［言語と地域］をタップします❶。［テキスト認識表示］のスイッチをタップしてオンにします❷。この後、確認のメッセージが表示された場合は［オンにする］をタップします。

❶ タップし、右側の［言語と地域］をタップします

❷ タップしてオンにします

---

2 検出されたテキストを表示する設定にする

「設定」の［カメラ］をタップします❸。［検出されたテキストを表示］のスイッチをタップしてオンにします❹。

❸ タップします

❹ タップしてオンにします

---

3 「カメラ」アプリで認識する

「カメラ」アプリでテキストが認識されると、四隅にカギカッコのような目印が表示されます❺。圖をタップします❻。

❺ テキストの四隅に目印が付きます

❻ タップします

4 コピーなどをする

テキストとして使いたい部分をドラッグして選択し❼、メニューから使いたい機能をタップします❽。たとえば［コピー］をタップしてからほかのアプリにペーストしたり、［共有］をタップしてメールで送信したりできます。

❼ ドラッグして選択します

❽ いずれかをタップします

Point 電話番号が認識された場合

このようにして電話番号が認識された場合、タップまたは選択して、FaceTimeの発信やメッセージの送信などができます。

5 「写真」アプリで認識する

「写真」アプリでテキストを長く押すと選択されます。ピンをドラッグして範囲を選択してから❾、メニューのいずれかをタップします❿。圖が表示されている場合は、タップするとテキストとして認識されている箇所を確認できます⓫。「写真」アプリでビデオを再生し、文字が写っている場面で一時停止すると、同様にテキスト認識を利用できます。

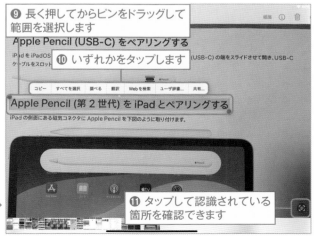

❾ 長く押してからピンをドラッグして範囲を選択します

❿ いずれかをタップします

⓫ タップして認識されている箇所を確認できます

Chapter 6 ［写真の編集］

写真を編集するには

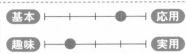

「写真」アプリには、写真を見たり整理したりするだけでなく、編集機能もあります。明るさの調整やフィルタ、傾きの補正などをして、より良い写真に仕上げましょう。ビデオも「写真」アプリで編集できます。

基本 |—|—|—|●|—| 応用

趣味 |—|●|—|—|—| 実用

▶ 写真の補正やフィルタの設定をする

1 写真を選んで編集を始める

「写真」アプリを起動し、編集したい写真を表示します❶。［編集］をタップします❷。

Point ビデオを編集する

本書では写真を編集する操作を解説しますが、ビデオも「写真」アプリで編集できます。右図と同様にビデオを大きく表示して右上の［編集］をタップし、フィルタや傾き補正、トリミング、色合いの調整などができます。

❶ 編集する写真を表示します　❷ タップします

2 自動補正をする

編集モードになりました。🔆 をタップします❸。🔆 をタップすると自動補正のオンとオフが交互に切り替わります❹。自動補正とは、写真全体の明るさや色合いが自動で調整される機能です。

❸ タップします　❹ タップすると自動補正されます

3 フィルタを適用する

をタップします❺。フィルタを上下に
スワイプして適用します❻。写真に適用
されているフィルタを解除するには、いち
ばん上へスワイプして [オリジナル] を選
択します。

❺ タップします

❻ スワイプして
フィルタを適用します

4 編集を終了する

編集を確定するには、 をタップしま
す❼。編集を取り消して元の状態のまま
にするには、 をタップし❽、[変更内
容を破棄] をタップします❾。いずれかの
操作をすると、写真が大きく表示された
画面に戻ります。

❼ タップして確定します

❽ 編集を取り消す際
にタップして

❾ タップします

5 編集した写真を元に戻す

手順4で をタップして確定した後で
も、元の写真に戻すことができます。写真
を編集モードにすると [元に戻す] が表示
されるので、これをタップし❿、[オリジナ
ルに戻す] をタップします⓫。手順4と5
は、この後に説明する編集でも同様です。

❿ タップします

⓫ タップします

► 構図を調整する

1 傾きの補正や回転をする

傾きの補正やトリミングをすることができます。⊞ をタップします❶。目盛りの部分を上下にドラッグして傾きを補正します❷。写真によっては上部に［自動］と表示され、タップして自動で傾きを補正することもできます。⊡ をタップすると、写真が90度ずつ回転します❸。

❶ タップします

❷ ドラッグして補正します

❸ タップして回転します

2 トリミングする

縦横比を決めてトリミングしたい場合は、⊡ をタップし❹、比率をタップして選択します❺。縦横比を決めない場合は、この操作は省きます。その後、枠の四隅や周囲の辺をドラッグして残す大きさを決め❻、写真をドラッグして範囲を調整します❼。

❹ タップします

❺ タップします

❻ ドラッグして大きさを決めます

❼ 写真をドラッグして範囲を調整します

3 縦、横方向の歪みを補正する

たとえば長方形のものを撮る時にiPadが斜めになっていて台形に写ってしまったといった場合に、補正できます。縦方向の ⊿ か❽、横方向の ◁ の❾、どちらかをタップし、目盛りを上下にドラッグして補正します❿。

❽ 縦方向か

❾ 横方向のどちらかをタップします

❿ ドラッグして補正します

▶ 明るさや色合いを調整する

1 明るさを調整する

をタップします❶。ここでは例として
（明るさ）をタップします❷。目盛りを
上下にドラッグすると、明るさが調整され
ます❸。

❶ タップします

❷ タップします

❸ ドラッグします

2 全体の色合いを調整する

同様に、（彩度）をタップし❹、目盛りを
上下にドラッグすると全体の色合いが変
化します❺。ほかの項目も、操作は同様で
す。このようにして変更した項目は、ツー
ルの周囲の弧の色が変わります❻。

❹ タップします

❺ ドラッグします

❻ 編集された項目です

Point 写真から対象物を抜き出す

この機能は、編集モードではなく、通常の表示
で操作して使います。

比較的新しいモデルのiPadで、写っている対象
物を長く押すと、対象物の輪郭が光るようなア
ニメーションが表示されます❶。指を離すとメ
ニューが表示され、コピーや共有をしてほかの
アプリで対象物だけを使うことができます❷。
Split ViewやSlide Over（Chapter 2参照）
の状態なら、対象物だけをドラッグ＆ドロップ
してほかのアプリにコピーすることもできます。

❶ 長く押します

❷ いずれかをタップします

コピー　ステッカーに追加　共有…

▶ Live Photosを編集する

1 動きの効果を変える

Live Photosを大きく表示します❶
[LIVE] をタップし❷、効果のいずれかを
タップすると動きが変わります❸。編集す
るには、[編集] をタップします❹。

❶ Live Photosを表示します

❷ タップします

❸ いずれかをタップします

❹ タップします

2 編集する

◎をタップします❺。 ◎ LIVE をタップする
と、通常の写真になります❻。◀をタップ
すると、音が消えます❼。タイムラインの
端のいずれかをドラッグすると、先頭また
は最後の不要な部分を切り取れます❽。

❺ タップします

❻ タップして通常の
写真にします

❼ タップして音を消します

❽ ドラッグして不要な
部分を切り取ります

3 キー写真を変更する

キー写真とは、Live Photosが動いてい
ない時に表示される写真のことです。タイ
ムラインの中の枠を左右にドラッグして
選択してから指を離し❾、[キー写真に設
定] をタップします❿。

キー写真に設定

❾ ドラッグします

❿ タップします

Chapter 7

標準アプリで情報を整理

持ち歩いて使えるiPadを、自宅や職場でさまざまな情報の管理に活用しましょう。「カレンダー」「リマインダー」「連絡先」のアプリがはじめから用意されています。これらの情報は、インターネットのサービスを使って、ほかのデバイスと同期できます。どのデバイスでも、どこにいても、同じ情報が使えるのはとても便利です。

Chapter 7 ［カレンダーの基本］

カレンダーの 基本的な機能を使うには

iPadに付属の「カレンダー」アプリで、予定を入力して閲覧したり、指定した時刻に通知を表示したりすることができます。

基本 ●———┼———┼———┼———┤ 応用

趣味 ├———┼———┼——●——┼———┤ 実用

▶ 月表示のカレンダーを使う

1 月表示のカレンダーを 表示する

ホーム画面で [カレンダー] をタップして起動します❶。[月] をタップして選択します❷。上下にスワイプすると前月や翌月へ移動します❸。移動した後で今月に戻るには、[今日] をタップします❹。予定を入力するには ⊞ をタップするか、入力する日付を長く押します❺。

❷ タップします

2024年 3月

❸ 上下にスワイプして前月や翌月へ移動します

❹ タップして今日の日付に戻ります

❶「カレンダー」を起動します

金 15 ▶

❺ ここをタップするか日付を長く押します

2 タイトルなどを入力する

タイトルや場所をタップしてから入力します❻。休日や記念日など時刻を指定しない予定は [終日] をオンにします。時刻を指定する場合はオフにしてから❼、[開始] をタップします❽。

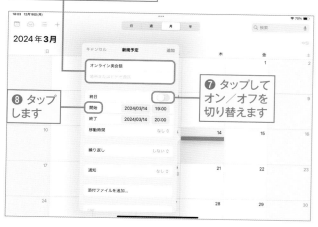

❻ タップしてから入力します

❽ タップします

❼ タップしてオン／オフを切り替えます

3 日付を設定する

カレンダーをタップして日付を設定します❾。

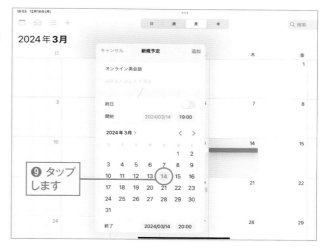

❾ タップします

4 時刻を設定する

時刻をタップし❿、時と分をそれぞれ上下にスワイプして設定します⓫。この後、[終了] をタップし、終了日時を同様に設定します⓬。

 Point 数字入力で時刻を設定する

右図の⓫で示した部分をタップすると電卓のようなテンキーが表示され、時刻を3桁または4桁の数字で入力できます。

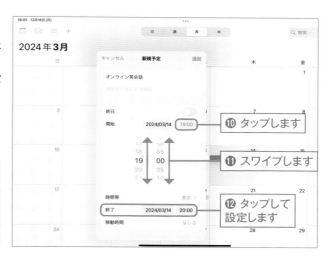

❿ タップします

⓫ スワイプします

⓬ タップして設定します

5 繰り返しや通知の設定をする

[繰り返し] をタップすると、毎日、毎週などを選択できます⓭。定例会議や習い事に便利です。[通知] をタップすると、予定時刻やその5分前、30分前、1時間前などにiPadの画面に通知を表示する設定ができます⓮。これらの設定が終わったら [追加] をタップします⓯。これで予定が保存されます。

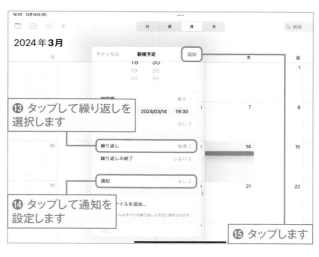

⓭ タップして繰り返しを選択します

⓮ タップして通知を設定します

⓯ タップします

6 予定の詳細を見る

予定をタップすると⑯、詳細が表示されます⑰。内容を編集するには[編集]をタップします⑱。

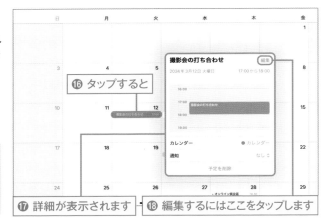

⑯ タップすると

 Point 予定を削除する

予定を削除するには、詳細のいちばん下にある[予定を削除]をタップします。

⑰ 詳細が表示されます　⑱ 編集するにはここをタップします

7 予定を編集する

新規予定を作成した時と同様の画面になるので、必要に応じて編集します⑲。編集が終わったら[完了]をタップします⑳。

⑲ 編集できます

⑳ 編集後、タップします

▶ その他の表示のカレンダーを使う

1 日表示

[日]をタップすると、1日のカレンダー表示になります❶。日付の部分を左右にスワイプして移動し、タップして選択します❷。予定をタップすると❸、詳細が表示されます❹。予定をドラッグして時間を移動することもできます❺。移動後に詳細の右上に表示される[完了]をタップします。

 Point 予定を追加する

新規予定は、作成したい時刻のあたりを長く押して追加できます。

❶ 日表示に切り替えます

❷ 左右にスワイプし、タップして日付を選択します

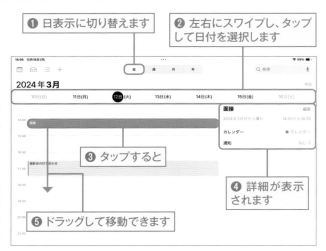

❸ タップすると

❹ 詳細が表示されます

❺ ドラッグして移動できます

2 週表示

[週]をタップすると、1週間のカレンダーになります❻。日表示と同様に、作成したい時刻のあたりを長く押して新規予定を追加できます❼。

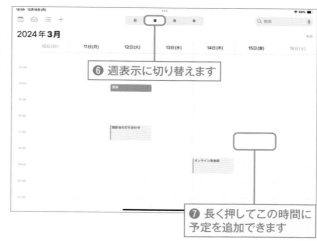

❻ 週表示に切り替えます

❼ 長く押してこの時間に予定を追加できます

3 年表示

[年]をタップすると、1年間のカレンダーになります❽。タップするとその月の表示に切り替わります❾。

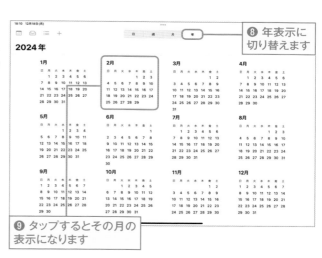

❽ 年表示に切り替えます

❾ タップするとその月の表示になります

4 予定のリストと検索

▤をタップすると、予定のリストが表示されます❿。検索フィールドをタップしてから語句を入力して予定を検索することもできます⓫。

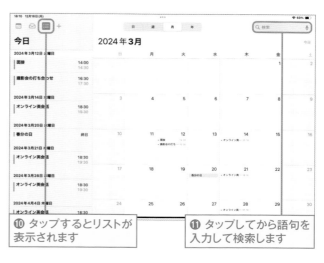

❿ タップするとリストが表示されます

⓫ タップしてから語句を入力して検索します

Chapter 7［カレンダーの活用］

カレンダーを
もっと活用するには

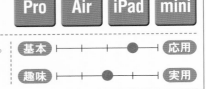

仕事用、プライベート用など複数のカレンダーを作成すると便利です。
メールなどのリンクから予定を作成する方法も紹介します。

基本 ●━━━ 応用
趣味 ━●━━ 実用

▶ 複数のカレンダーを使い分ける

1 カレンダーの設定を始める

仕事、家族、プライベートなどの予定を別のカレンダーに分けておくと便利です。をタップすると❶、はじめから4つのカレンダーが用意されています❷。カレンダーを追加するには、[カレンダーを追加]をタップし❸、[カレンダーを追加]をタップします❹。

> **Point** ［誕生日］と［Siriからの提案］
>
> この図にある［誕生日］カレンダーはiPadの「連絡先」アプリと連動しています。「連絡先」アプリに知り合いの誕生日を保存すると表示されます。［Siriからの提案］は、ホテルの予約のメールなどを検出し、場所や日時を自動で表示するカレンダーです。

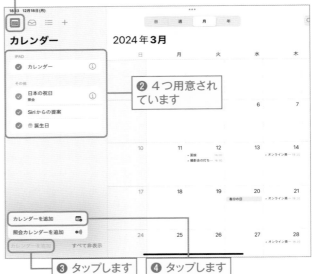

❶ タップします
❷ 4つ用意されています
❸ タップします
❹ タップします

2 新規カレンダーを追加する

カレンダーの名前を入力します❺。色が書かれているところをタップし❻、次の画面でこのカレンダーを識別するための色をタップして選択します。[完了]をタップします❼。

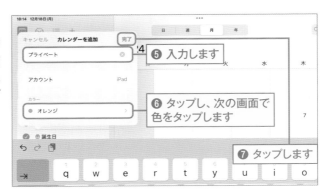

❺ 入力します
❻ タップし、次の画面で色をタップします
❼ タップします

3 表示／非表示を設定する

それぞれのカレンダーの表示／非表示を
タップして設定します。カレンダー名の先
頭にチェックが付いているカレンダーが
表示されます❽。すべてのカレンダーの
予定を表示したり、特定のカレンダーの予
定だけを表示したりと、見やすいように使
えます。▦をタップすると、カレンダーの
一覧が閉じます❾。

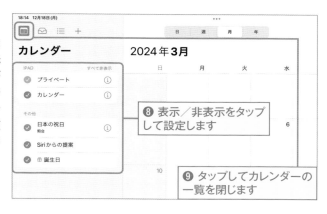

❽ 表示／非表示をタップ
して設定します

❾ タップしてカレンダーの
一覧を閉じます

4 カレンダーを使い分ける

予定の作成や編集をする画面には、カレ
ンダーを選択する項目が増えます。タップ
し❿、どのカレンダーに保存するかをタッ
プして設定します⓫。予定はカレンダーご
とに色分けして表示されます。

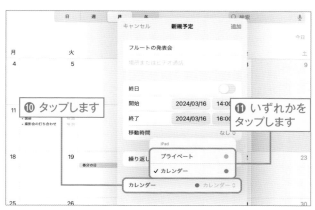

❿ タップします

⓫ いずれかを
タップします

▶ メールやメッセージから予定を作成する

1 リンクをタップする

メールやメッセージに書かれた日時が自
動でリンクになっているので、これをタッ
プします❶。メニューが開いたら［予定を
作成］をタップします❷。すると「カレン
ダー」アプリで新規予定を追加するのと
同様の画面が開くので、内容を入力、確認
して［追加］をタップします。

❶ リンクになっている
日時をタップします

❷ タップします

> **Point** ["カレンダー"に表示]とは？
>
> ["カレンダー"に表示]をタップすると、「カ
> レンダー」アプリに切り替わってその日の
> カレンダーが表示されます。予定は作成さ
> れませんが、日付や曜日、その日の予定を
> 確認するのに便利です。

Chapter 7 ［リマインダーの基本］

リマインダーで To Doを管理するには

iPadには、するべきことを忘れないように管理するための「リマインダー」アプリがあります。「To Doリスト」という呼び方でなじみのある人も多いかもしれません。

1 項目を入力する

ホーム画面で［リマインダー］をタップして起動します❶。1行目をタップして、リマインダーの項目を入力します❷。入力が終わったら［完了］をタップします❸。または、通知を設定するなら ⓘ をタップします❹。

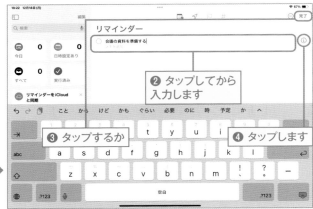

❶「リマインダー」を起動します

❷ タップしてから入力します

❸ タップするか

❹ タップします

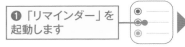

2 通知を設定する

手順1で ⓘ をタップすると、詳細が表示されます。指定した日時にiPadの画面に通知を表示するには、［日付］のスイッチをタップしてオンにし❺、カレンダーの日付をタップして選択します❻。この後、［時刻］のスイッチをタップしてオンにし❼、時刻を設定します。

❺ タップします

❻ タップします

❼ タップしてオンにしてから時刻を設定します

3 通知を繰り返す設定をする

通知を定期的に繰り返すこともできます。手順2の後で［繰り返し］をタップします❽。毎日、毎週など、間隔をタップして設定します❾。設定が終わったら右上の［完了］をタップします❿。

❽ タップします

❾ タップして設定します

❿ 設定後にタップします

Point 繰り返しの終了

繰り返しを設定すると、図の❽の囲みの下に［繰り返しの終了］の項目が現れます。ここをタップして、繰り返しの終了日を設定できます。

4 実行した項目をチェックする

実行した項目は先頭の○をタップして色の付いた状態にします⓫。実行済みの項目を表示するかどうかは、◎をタップし⓬、［実行済みを非表示（または表示）］をタップして設定します⓭。

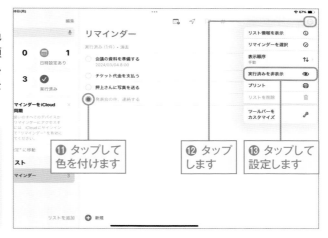

⓫ タップして色を付けます

⓬ タップします

⓭ タップして設定します

Point 項目を削除することもできる

今後はもう管理する必要のない項目なら、削除しても構いません。項目を右から左へスワイプすると、右端に［削除］が表示されるのでタップします。

5 項目を並べ替える

項目を並べ替えるには、項目を長く押し⓮、浮き上がったように表示されたら上下にドラッグします⓯。

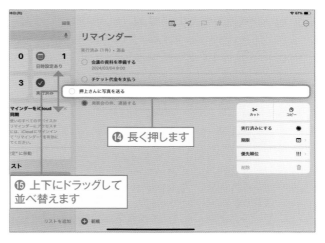

⓮ 長く押します

⓯ 上下にドラッグして並べ替えます

Chapter 7 ［リマインダーの活用］

リマインダーを もっと活用するには

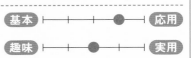

リストを活用してリマインダーの項目を整理するとさらに便利です。また、買い物リストを作成すると、項目が自動で分類されます。

基本 ├──┼──┼──●─┼──┤ 応用

趣味 ├──┼──●─┼──┼──┤ 実用

► リストに分けて整理する

1 リストを作る

仕事用、プライベート用というように、リストを分けてリマインダーの項目を整理できます。［リストを追加］をタップします**❶**。

❶ タップします

2 リストの名前などを設定する

リストの名前を入力します**❷**。［リストタイプ］は［標準］にします**❸**。リストを識別するための色やアイコンをタップして選択します**❹**。［完了］をタップします**❺**。

Point iCloud との同期が必要

リストタイプとアイコンを選択するには、リマインダーをiCloudと同期する必要があります。同期していない場合はリストの名前と色のみを設定できます。iCloudの同期については206ページを参照してください。

❷ 名前を入力します

❸ ［標準］にします

❹ タップします

❺ タップします

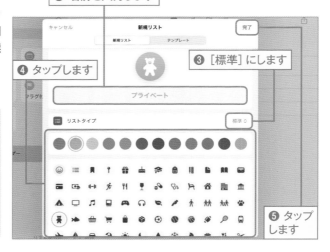

3 リストを使い分ける

リストをタップすると⑥、そのリストの項目が表示されます⑦。新規リマインダーを作成すると、選択されているリストに入ります⑧。項目を長く押してから別のリストにドラッグして移動することができます⑨。

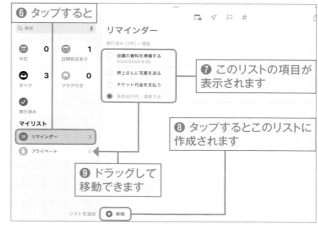

⑥ タップすると

⑦ このリストの項目が表示されます

⑧ タップするとこのリストに作成されます

⑨ ドラッグして移動できます

▶ 買い物リストを利用する

1 買い物リストを追加する

前ページ手順2の画面で［リストタイプ］をタップし❶、［買い物リスト］をタップして選択します❷。リストの名前、色、アイコンは前ページ手順2と同様に設定して完了します。

❶ タップします

❷ タップします

2 リストの項目が分類される

［買い物リスト］に項目を入力すると、自動で分類されます❸。または、分類が提案された場合はタップして分類します❹。分類された後で、項目を長く押してから上下にドラッグして、別の分類に移動することもできます。

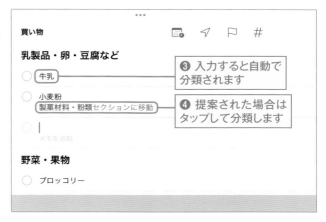

❸ 入力すると自動で分類されます

❹ 提案された場合はタップして分類します

Chapter 7 ［連絡先］

連絡先を作成するには

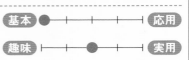

「連絡先」は、iPadの住所録データベースの役割を果たしているアプリです。「FaceTime」「メッセージ」「メール」「マップ」など、iPadのさまざまなアプリと連携しています。

▶ 「連絡先」アプリで作成する

1 新規連絡先を作成する

ホーム画面で［連絡先］をタップして起動します❶。新規連絡先を作成するために、田をタップします❷。

❶「連絡先」を起動します

❷ タップします

2 連絡先を入力する

フィールドをタップしてから、必要な情報を入力します❸。入力が終わったら［完了］をタップします❹。

❸ フィールドをタップしてから入力します

❹ 入力が終わったらタップします

Point 複数の電話番号やメールアドレスを入力できる

電話番号を1つ入力した後、さらにフィールドを追加できます。［携帯電話］［自宅］などと書かれたラベルの部分をタップすると、別のラベルに変更できます。メールアドレスも同様です。

► FaceTimeの履歴から連絡先を作成する

1 FaceTimeの履歴を表示して作成を始める

FaceTimeの着信、発信の履歴から連絡先を作成できます。「FaceTime」アプリで「連絡先」に登録したい相手の右端にあるをタップします❶。FaceTimeの使い方は238ページを参照してください。

Point うっかり発信しないように注意!

この時、相手のApple IDや電話番号が書かれている部分をタップするとすぐに発信されてしまいます。注意しましょう。

❶ タップします

2 新規連絡先を作成する

[新規連絡先を作成]をタップします❷。

Point 既存の連絡先に情報を追加することもできる

すでに連絡先が作成されていて、電話番号やメールアドレスを追加したい場合は[既存の連絡先に追加]をタップします。

❷ タップします

3 情報を入力して登録する

「連絡先」アプリで新たに入力する時と同様に、氏名など必要な情報を入力します❸。入力が終わったら[完了]をタップします❹。

Point 氏名などが検出されていることがある

メールをやり取りしている相手などの場合、その履歴から氏名が自動で検出されることがあります。

❸ 入力します

❹ 入力が終わったらタップします

▶ メールから連絡先を作成する

1 差出人の詳細を表示する

受信したメールの差出人を「連絡先」アプリに登録することができます。「メール」アプリでメッセージの上部にある差出人の名前をタップします❶。

2 メールの差出人から作成する

もう一度差出人をタップし❷、[新規連絡先を作成]をタップします❸。

 Point **メール本文に書かれているアドレスから作成する**

メールの本文にメールアドレスが書かれていると、自動でリンクになります。このリンクを長く押して、連絡先に追加することもできます。

3 新規連絡先を作成する

氏名などを入力し❹、終わったら[完了]をタップします❺。

►「連絡先」アプリを利用する

1 連絡先を見つける

連絡先を利用、編集、削除するには、「連絡先」アプリで連絡先のリストを上下にスワイプしたり❶、インデックスから姓の読みの文字をタップしたり❷、検索フィールドに名前などの条件を入力したりして見つけます❸。目的の連絡先が見つかったらタップします❹。

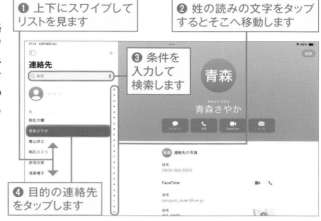

❶ 上下にスワイプしてリストを見ます

❷ 姓の読みの文字をタップするとそこへ移動します

❸ 条件を入力して検索します

❹ 目的の連絡先をタップします

2 連絡先の情報を利用する

◻をタップするとメッセージを送信できます❺。◼をタップするとFaceTimeビデオ、◻をタップするとFaceTimeオーディオを発信できます❻。メールアドレスをタップするとメールメッセージの作成❼、住所をタップして地図を表示できます❽。連絡先の編集や削除をするには、[編集]をタップします❾。

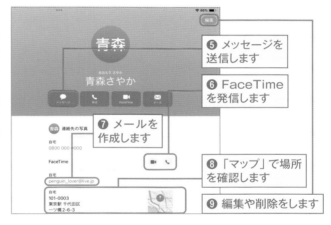

❺ メッセージを送信します

❻ FaceTimeを発信します

❼ メールを作成します

❽「マップ」で場所を確認します

❾ 編集や削除をします

3 連絡先の編集や削除をする

新規連絡先を作成する時と同じ要領で編集し、終わったら[完了]をタップします❿。この連絡先を削除するには、いちばん下へスクロールして[連絡先を削除]をタップします⓫。確認の吹き出しが表示されたら[連絡先を削除]をタップして削除します⓬。

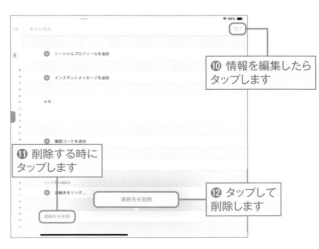

❿ 情報を編集したらタップします

⓫ 削除する時にタップします

⓬ タップして削除します

Point 誕生日はカレンダーに表示できる

連絡先に誕生日を登録しておくと、「カレンダー」アプリに表示できます。

Chapter 7 ［iCloudの同期］
iCloudで同期するには

AppleのサービスのボiCloudを利用して、ほかのデバイスやパソコンと
連絡先などの情報を同期できます。

基本 |———————●——| 応用
趣味 |———————●——| 実用

1 iCloudの設定を開く

ホーム画面で［設定］をタップして起動し
ます❶。自分の名前の部分をタップし❷、
［iCloud］をタップします❸。次の画面で
［すべてを表示］をタップします❹。

❶「設定」を
起動します

❷ タップします

❸ タップします

❹ 次の画面で［すべてを
表示］をタップします

2 同期する情報を選択する

ここでは例として［連絡先］のスイッチを
タップします❺。確認のメッセージが表示
された場合は［結合］をタップします❻。
同様に操作して、同期する項目のスイッチ
をオンにします。

❺ タップします

❻ タップします

Point iCloud+

バックアップ（136ページ参照）や同期な
どで、無料の5GBの容量では足りなくなっ
たら、有料でiCloud+にアップグレードで
きます。その方法は137ページを参照し
てください。iCloud+には容量だけでな
く、プライバシーを守るためにランダムな
メールアドレスを使う機能なども含まれ
ます。

3 iPhoneでも設定する

ほかのデバイスでも同じApple IDで
iCloudにサインインし、同じように設定
します。これで、「連絡先」や「カレンダー」
などのアプリの情報が同期されます**❼**。こ
の図はiPhoneの設定です。ひとつのデバ
イスで情報を変更すれば、ほかのデバイ
スにもほぼリアルタイムで反映します。

❼ iPhoneでも
設定します

4 カレンダーを同期する期間を設定する

「設定」の[カレンダー]をタップします**❽**。
[同期]をタップすると、次の画面で同期
する期間を選択できます**❾**。

❽ タップします

❾ タップして次の
画面で設定します

(Point) パソコンと同期する

連絡先やカレンダーなどの情報は、パソコン
とも同期できます。Macでは「システム設
定」で設定します。Windowsパソコンでは、
Microsoft Storeから「Windows用iCloud」
をインストールし、設定します。
この方法のほかに、MacでもWindowsパ
ソコンでも、Webブラウザでhttps://www.
icloud.comにアクセスしてサインインし、情
報を利用することもできます。ただしブラウザ
で使用するには、iPadの「設定」で自分の名前
→[iCloud]をタップし、[WebでiCloudデータ
にアクセス]をオンにしておく必要があります。

Chapter 7 ［Googleアカウントの同期］

他社のアカウントと同期するには

Appleの iCloudだけでなく、他社のサービスと情報を同期し、「カレンダー」や「連絡先」などiPadの標準アプリで利用することもできます。本書ではGoogleアカウントの同期を例にとって解説します。

基本 ————●— 応用
趣味 ————●— 実用

1 アカウントの設定を始める

「設定」を起動し、［メール］、［連絡先］、［カレンダー］、［メモ］のいずれかをタップします❶。本書では［連絡先］をタップします。［アカウント］をタップします❷。

❶「設定」を起動したらタップします

❷ タップします

2 アカウントを選ぶ

Googleアカウントをすでにメールで利用していれば、同じアカウントを連絡先の同期にも利用できます。［Gmail］をタップします❸。Googleアカウントをまだ設定していなければ［アカウントを追加］をタップして追加します❹。追加の手順は155〜156ページを参照してください。

❸ タップします

❹ まだアカウントを設定していなければ、タップして設定します

Point Microsoftアカウントの同期

「@outlook.com」や「@outlook.jp」などのMicrosoftアカウントでも同期できます。155ページのいちばん下の画面で［Outlook.com］をタップし、Googleアカウントと同様に設定します。

3 同期する項目を選ぶ

同期したい項目のスイッチをタップして
オンにします❺。

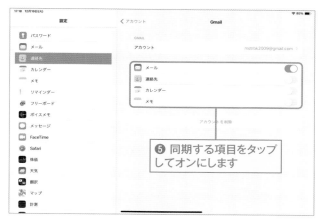

❺ 同期する項目をタップ
してオンにします

4 iPad上の情報を
残すかどうか設定する

[連絡先] のスイッチをタップしてオンに
すると、確認のメッセージが表示されま
す。iPadにすでに作成されている連絡先
を失わないように、[iPadに残す] をタッ
プします❻。カレンダーも同様です。オン
/オフを切り替える際に大切なデータを
失わないように気をつけて設定してくだ
さい。

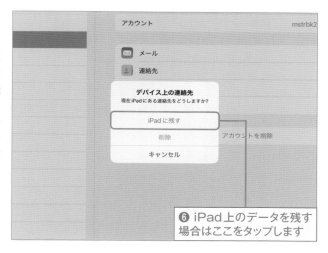

❻ iPad上のデータを残す
場合はここをタップします

5 連絡先を利用する

「連絡先」アプリには、Gmailに保存され
ている連絡先が読み込まれています❼。
▢ をタップします❽。

❼ Gmailの連絡先が
読み込まれています

❽ タップします

6 使うリストを選ぶ

Gmailの連絡先が1つのリストとして扱われています。使いたいリストをタップします❾。

❾ 使うリストをタップします

7 「カレンダー」アプリで Googleカレンダーを使う

「カレンダー」アプリでカレンダーの一覧を表示すると（196ページ参照）、Googleカレンダーを利用できる状態になっています。利用するカレンダーにチェックを付けます❿。

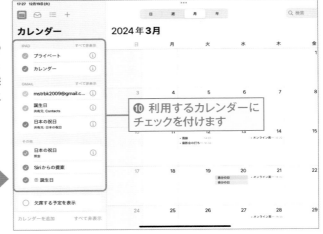

❿ 利用するカレンダーにチェックを付けます

8 メモをGmailで表示する

iPadの「メモ」アプリのメモは、Gmailでは「Notes」ラベルの付いたメールメッセージとして表示されます。「メモ」アプリで ▣ をタップすると⓫、GmailとiPad上のメモのどちらを使うかをタップして選択できます⓬。

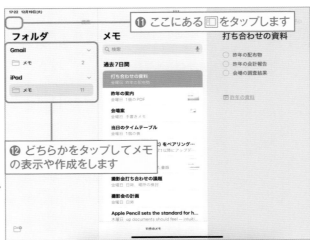

⓫ ここにある ▣ をタップします

⓬ どちらかをタップしてメモの表示や作成をします

Chapter 8

iPadで生活を豊かにする

映画やテレビ番組、電子書籍、新聞、雑誌などを、表示が美しくスマートフォンより大きいiPadの画面を活かして楽しみましょう。音楽やラジオ、地図、ビデオ通話、SNSについても紹介します。

Chapter 8 ［映画の購入／レンタル］

映画を見るには

Pro Air iPad mini

Appleのサービスを利用するための「Apple TV」アプリで、映画を購入したりレンタルしたりすることができます。24時間、いつでも好きな時に映画を楽しみましょう。

基本 ─┼─●─┼─ 応用

趣味 ●┼─┼─┼─ 実用

1 映画を探す

「Apple TV」アプリを起動し、［ストア］をタップします❶。Webページと同じように、興味のあるものをタップして見たい作品を探します❷。［検索］をタップし、作品名などから検索することもできます❸。

① タップします

② タップして探します

③ タップして検索できます

Point 支払いはApp Storeと共通

Apple IDに対してクレジットカードやギフトカードを登録すると、映画の料金もこれらから支払われます。51〜53ページを参照してください。

2 購入またはレンタルをする

購入かレンタルのいずれかをタップします❹。この後、認証を求められたらApple IDとパスワードまたは顔か指紋で認証します。

❹ いずれかをタップします

Point 購入とレンタルの違い

購入すると今後いつまでも、何度でも見ることができます。レンタルは、30日以内に視聴を開始し、開始してから48時間以内は何度でも再生できます。期間が終了すると自分のライブラリから削除されます。

3 購入・レンタル済みの作品を見つける

「Apple TV」アプリの［ライブラリ］の下にある［最近購入した作品］などをタップします❺。見たい作品をタップします❻。

❺ いずれかをタップします ❻ タップします

4 映画を楽しむ

⬇をタップするとダウンロードが始まります❼。または、▶をタップするとデータを受信しながら再生されるので、ダウンロード完了まで待たずにすぐ楽しめます❽。

❼ タップしてダウンロードします

❽ またはタップしてすぐに再生します

5 再生中に操作する

小さい表示にします

前の画面に戻ります

外部ディスプレイやスピーカー、ヘッドフォンを選択します

ドラッグして音量を調整します

再生／一時停止します

10秒戻します

10秒送ります

字幕を切り替えます

作品の情報を表示します

ドラッグして早戻し／早送りします

チャプターや特典映像が含まれる作品があります

再生速度を変更します

言語を切り替えます

未再生のリストが表示されます

※表示されるボタンやメニューは作品により一部異なります。

Chapter 8 ［動画配信サービス］

動画配信サービスを楽しむには

Pro Air iPad mini

Appleは定額制配信サービスの「Apple TV+」を提供しています。また、Apple以外にも動画を配信しているサービスはいろいろあります。

基本 ├─┼─┼─●─┤ 応用
趣味 ●─┼─┼─┼─┤ 実用

▶ Apple TV+を利用する

1 利用を開始する

Apple TV+は、Appleが提供する定額見放題のサービスです。Appleが制作したオリジナル作品が配信されています。「Apple TV」アプリの［Apple TV+］をタップします❶。無料体験のボタンをタップし、サインインなど画面の指示に従って進めると所定の期間は無料で体験できます❷。

❶ タップします

❷ タップします

2 予告編などを見る

無料体験の手続きをする前でも、手順1の画面で作品をタップすると、次の画面で無料公開分や予告編などを見ることができます❸。

❸ タップして予告編などを見られます

 Point デバイスを購入すると無料で利用できる

Apple TV+の料金は月額900円（税込）ですが、iPadやiPhoneなどApple製のデバイスを新規購入すると所定の期間は無料で楽しめます。222ページのコラム「Apple One」も参照してください。

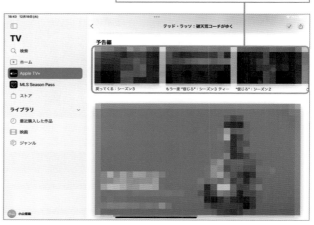

► Apple以外のサービスを利用する

1 人気動画サイト、YouTube

YouTubeは、おそらく最も知名度の高い動画配信サービスでしょう。アプリを起動し、興味のある動画をタップすると再生画面へ進みます❶。 をタップし、キーワードで検索することもできます❷。

 YouTube

🖥 無料　📱 Google LLC　📦 325.5MB

❶ タップして詳細を表示します　❷ タップして検索できます

2 海外ドラマやアニメ、その他の作品も充実のHulu

幅広いコンテンツがあります❸。有料のサービスですが、会員登録せずに無料コンテンツを視聴することもできます。料金や支払い方法、無料試用のキャンペーンについては、「Safari」でHuluのWebサイトを確認してください。

❸ 海外ドラマなど幅広いコンテンツがあります

Hulu / フールー 人気ドラマや映画、アニメなどが見放題

🖥 無料　📱 HJ Holdings, Inc.　📦 32.6MB

3 Amazonプライム会員が追加料金なしで楽しめるサービス

通販サイトの大手、Amazonに、Amazonプライムという有料サービスがあります。通販で購入した商品のお急ぎ便などを無料で利用できるサービスです。このAmazonプライムの会員は、追加料金なしでコンテンツを楽しめます❹。

❹ Amazonプライム会員対象に多くの作品が配信されています

Point Amazonプライムのサービス

ここでは動画配信を紹介しましたが、Amazonプライムの会員は音楽の聴き放題、対象の電子書籍読み放題などのサービスも利用できます。

 **Amazon Prime Video**

🖥 無料　📱 AMZN Mobile LLC　📦 142.5MB

Chapter 8 ［テレビ番組］

テレビ番組を見るには

Pro　Air　iPad　mini

前ページで紹介した映画や海外ドラマなどだけでなく、テレビ番組を見られるアプリもあります。見逃した番組やニュースなどを自分の都合のいい時に見ることができて便利です。

基本 ———●——— 応用
趣味 ●——————— 実用

1 見逃したテレビ番組を見られる

TVerは、各局の一部の番組を無料で配信しているサービスです。放送を見逃した番組などを見ることができます。放送と同時にリアルタイム配信される番組もあります❶。

❶ 各局の番組を見られます

TVer (ティーバー) 民放公式テレビ配信サービス

価 無料　販 TVer INC.
Size 73.5MB

2 テレビ局ごとの専用アプリ

テレビ局ごとの専用アプリもあり、見逃した番組などをアプリで見ることができます。これはテレビ朝日のアプリです❷。ほかの放送局のアプリもあります。配信期限が決まっている、一部の番組は有料など、テレビ局により視聴できる条件は異なります。

❷ テレビ朝日のアプリです

 テレ朝動画 (テレ朝見逃し)

価 無料　販 TV asahi corporation
Size 14.1MB

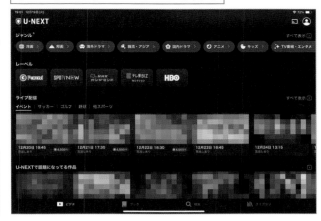

3 動画と電子書籍の両方が楽しめるサービス

U-NEXTは、テレビ番組やドラマ、アニメ、映画のほか、電子書籍も楽しめるサービスです❸。有料での利用を開始する前に、無料で体験できます。

❸ ビデオとブックのコンテンツがあります

 U-NEXT - 映画やドラマ、アニメなどの動画が見放題

価 無料 販 U-NEXT Co.,Ltd.
Size 70.1MB

4 生中継の配信も多いサービス

ABEMAでは、テレビ番組の配信のほか、オリジナル作品、ニュース、スポーツや将棋の中継など幅広いコンテンツを楽しめます❹。会員登録不要で利用できますが、有料のプレミアムプランに申し込むこともできます。

❹ 生放送もたくさんあります

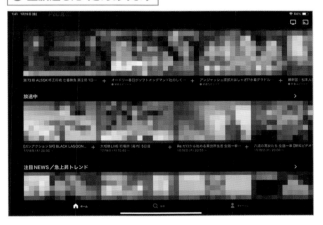

 ABEMA（アベマ）新しい未来のテレビ

価 無料 販 ABEMATV, INC.
Size 136MB

5 災害時などにはライブ配信もある

NHKニュースの動画を見られるほか、天気予報や特集コンテンツもあります。災害の情報や記者会見なども随時ライブ配信されます❺。
NHKの受信契約をしていれば「NHKプラス」という別のアプリで放送同時配信や見逃し番組配信も視聴できます。

❺ NHKのニュースアプリです

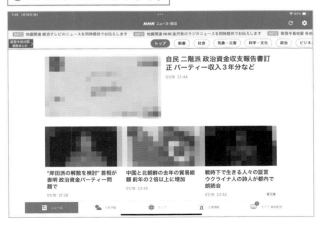

 NHKニュース・防災

価 無料 販 NHK (Japan Broadcasting Corp.)
Size 36.8MB

Chapter 8 ［音楽の購入］

iTunes Storeで
音楽を購入するには

Pro　Air　iPad　mini

「iTunes Store」アプリで、音楽を購入できます。いつでも購入でき、検索や試聴などの便利な機能もあります。

基本 ━━━━━●━━━━ 応用
趣味 ●━━━━━━━━ 実用

1 アルバムをタップする

[iTunes Store] をタップして起動します❶。[ミュージック] をタップします❷。気になるアルバムがあれば、タップして詳細を表示します❸。

❶「iTunes Store」を起動します

❷ タップします　　❸ タップします

2 検索する

検索フィールドをタップしてから語句を入力して検索することもできます❹。気になるアルバムをタップして詳細を表示します❺。

❹ タップしてから入力し、検索します

❺ タップします

③ 試聴や購入をする

手順1または手順2の後、アルバムの詳細が表示されます。曲をタップすると試聴できます❻。上部の金額のボタンをタップしてアルバムを購入したり❼、曲の金額のボタンをタップしてその曲だけ購入したりすることができます❽。ボタンをタップした後、画面の指示に従って認証し、購入します。

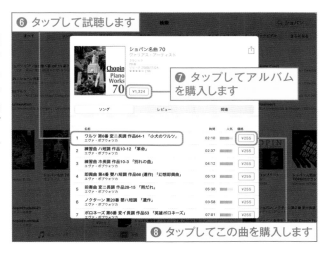

❻ タップして試聴します

❼ タップしてアルバムを購入します

❽ タップしてこの曲を購入します

④ 曲をすぐに購入する

手順1の画面で金額のボタンがあるものは、アルバムではなく曲です。アイコンをタップすると試聴が始まります❾。金額のボタンをタップしてすぐに購入に進むこともできます❿。

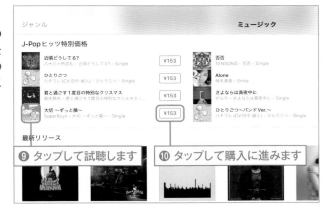

❾ タップして試聴します

❿ タップして購入に進みます

⑤ ランキングを見て購入する

[ランキング] をタップし⓫、[ミュージック] をタップすると⓬、音楽のランキングが表示されます。曲のアイコンをタップして試聴したり⓭、金額のボタンをタップして購入に進んだりすることができます⓮。

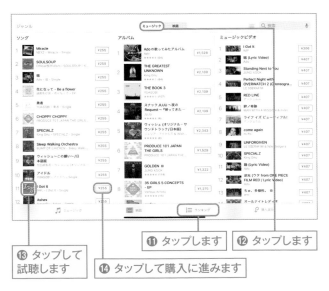

⓫ タップします

⓬ タップします

⓭ タップして試聴します

⓮ タップして購入に進みます

Chapter 8 ［音楽の再生］

音楽を聴くには

「iTunes Store」で購入した音楽は、「ミュージック」アプリで再生します。早送り／早戻しやアーティストごとの再生など、自由に楽しみましょう。

基本 ──── 応用
趣味 ●─── 実用

1 購入済みのアルバムを見る

［ミュージック］をタップして起動します❶。［アルバム］をタップすると❷、これまでに購入したアルバムが表示されます。聴きたいアルバムをタップします❸。

❶「ミュージック」を起動します

❷ タップします

❸ タップします

2 ダウンロードや再生をする

アルバム全曲をダウンロードするには☑をタップします❹。曲をダウンロードするには［…］をタップし❺、［ダウンロード］をタップします❻。ダウンロードしなくても、［再生］または曲をタップするとすぐにストリーミング再生できます❼。

Point ストリーミングとは？

曲のデータを受信しながら再生することです。そのため、iPadがインターネットに接続していることが必要です。Wi-Fi＋Cellularモデルで携帯電話回線を使用している時や、iPhoneのテザリング（138ページ参照）を使っている時などには、通信量が多くなるので注意が必要です。

❹ タップしてアルバムをダウンロードします

❺ タップします

❻ タップして曲をダウンロードします

❼ タップしてすぐに再生します

3

再生中の曲を操作する

右下に再生中の曲が表示されています。
アイコンをタップして一時停止したり⑧、
曲の先頭か前の曲、または次の曲へ移動
したりできます⑨。詳しく表示するには、
曲名の部分をタップします⑩。

> **Point** コントロールセンターや
> ロック画面で操作する
>
> 曲の再生中は、コントロールセンター
> （126ページ参照）やロック画面から、一
> 時停止、曲の先頭か前の曲へ移動、次の曲
> へ移動などができます。

⑧ タップして一時停止します

⑨ タップして移動します

⑩ タップします

4

早送りや音量調整などをする

時間のスライダをドラッグして早送りや
早戻しができます⑪。アイコンをタップし
て曲の先頭か前の曲へ移動、一時停止、次
の曲へ移動ができます⑫。スライダをド
ラッグして音量を調整します⑬。下へスワ
イプすると手順3の画面に戻ります⑭。

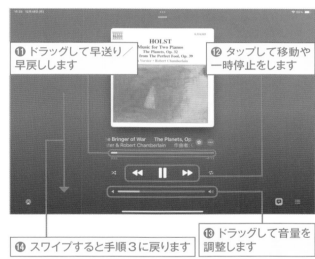

⑪ ドラッグして早送り／
早戻しします

⑫ タップして移動や
一時停止をします

⑭ スワイプすると手順3に戻ります

⑬ ドラッグして音量を
調整します

5

アーティストごとに聴く

前ページ手順1で［アーティスト］をタッ
プし⑮、アーティスト名をタップすると
⑯、このアーティストのアルバムが表示さ
れます。聴きたいアルバムをタップして内
容を表示できるほか⑰、［再生］をタップ
してこのアーティストのアルバムをすべ
て再生することもできます⑱。

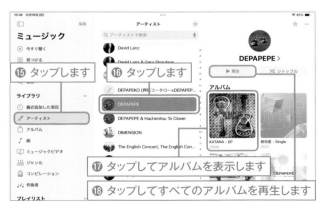

⑮ タップします

⑯ タップします

⑰ タップしてアルバムを表示します

⑱ タップしてすべてのアルバムを再生します

Chapter 8 ［Apple Music］

音楽の聴き放題サービスを楽しむには

Apple Musicは、Appleが提供している定額制の音楽聴き放題サービスです。初めて利用する際に、所定の期間は無料で試用できます。

基本 ——————●—— 応用

趣味 ●————————— 実用

▶ Apple Musicに登録する

1 登録を開始する

「ミュージック」アプリで［今すぐ聴く］をタップします❶。［今すぐ開始］をタップします❷。

> **Point** Apple以外の定額制聴き放題サービス
>
> 「YouTube Music」、「Spotify」、「Amazon Music」などのアプリをダウンロードしてこれらのサービスを利用することもできます。いずれも有料サービスですが、一部の機能を無料で利用できる場合もあります。たとえば「Spotify」は、コマーシャル入り、機能制限付きで、無料で利用できます。

❶ タップします

❷ タップします

2 試用を開始する

［無料で開始］をタップします❸。この後、サインインや認証を求められた場合は、画面の指示に従います。所定の期間は無料です。別のプランを試用したい場合は［プランをさらに表示］をタップし、次に開く画面で選択します。

> **Point** Apple One
>
> Appleの有料サービスを1つずつ契約するよりも割安になる「Apple One」もあります。Apple Oneで、Apple Music、Apple TV+、Apple Arcade（ゲーム）、iCloud+（206ページ参照）を利用できます。

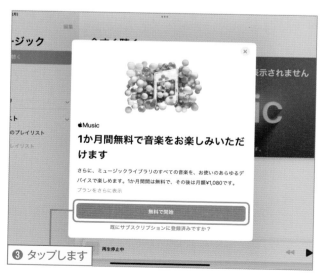

❸ タップします

3 聴き放題で楽しむ

[今すぐ聴く] [見つける] [ラジオ] [検索]
のいずれかをタップし❹、右側から聴き
たいものを選択して楽しめます❺。

④ いずれかをタップします

❺ 聴きたいものを選択します

 Point Apple Music Sing

一部のモデルでは、Apple Musicで曲の
ボーカルの音量を小さくして歌詞を見な
がら自分で歌えるカラオケ機能の「Apple
Music Sing」を利用できます。

▶ 登録をキャンセルする

1 Apple IDを表示する

無料体験期間や有料で利用できる期間が
終了すると、自動更新され支払いが発生し
ます。登録をキャンセルするには、「ミュー
ジック」アプリで[今すぐ聴く]から[検索]
のいずれかをタップし❶、🔲をタップしま
す❷。[サブスクリプションの管理]をタッ
プします❸。

❶ いずれかをタップします　　**❷ タップします**

❸ タップします

2 キャンセルする

[サブスクリプションをキャンセル]を
タップします❹。メッセージが表示された
ら[確認]をタップします❺。キャンセルし
ても現在の有効期間いっぱいは利用でき、
その後は自動更新されなくなります。

❹ タップします　　**❺ タップします**

 Point Apple Music Classical

2024年1月24日にクラシック音楽専
門の「Apple Music Classical」が日本で
サービス開始となりました。Apple Music
のサブスクリプション利用者は、この名前
のアプリをApp Storeから入手すると利
用できます。

Chapter 8［Apple Booksの購入］

Apple Booksで電子書籍を買うには

Appleが提供する電子書籍サービスが「Apple Books」です。「ブック」アプリで電子書籍を購入することも読むこともできます。

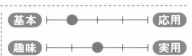

基本	●————	応用
趣味	——●—	実用

---

1 「ブック」を起動する

［ブック］をタップして起動します。［今すぐ読む］をタップすると❶、読みかけの本や最近読んだ本があれば表示されるので、すぐに読書を再開できます❷。下へスクロールすると、おすすめやベストセラーも表示されています。タップして詳しく見ることができます❸。

❶ タップします

❷ 読みかけの本などをタップしてすぐに開けます

❸ タップして詳細を見ます

---

2 電子書籍を探す

［ブックストア］をタップすると、販売されている電子書籍が表示されます❹。Webページと同じように興味のある項目をタップして見ていきます❺。下へスクロールすると、ランキングもあります。探す本がわかっているなら［検索］をタップし、書名や著者名を入力して検索します❻。

❹ タップします

❺ 興味のある項目をタップします

❻ タップして検索できます

---

3 ジャンルなどから探す

[ブックストア] をタップし❼、[セクションを見つける] をタップします❽。
なお、❼の [ブックストア] の下にある [マンガストア] をタップすると、マンガを購入できます。

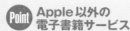

❼ タップします

❽ タップします

Point Apple 以外の電子書籍サービス

Apple Books 以外にも、Amazon の Kindle などさまざまな電子書籍サービスがあります。他社サービスの多くは「Safari」などのブラウザで各サービスの Web サイトから電子書籍を購入し、専用アプリで読みます。読む操作は Apple の「ブック」アプリと似ています。

4 見たい項目をタップする

見たいものをタップします❾。するとそのページにジャンプします。

❾ 見たいものをタップします

Point 無料で入手できる書籍

ブックストアでは、Apple 製品のマニュアルや著作権が切れた作品などを無料で提供しています。前ページ手順2で示した[検索] から「Apple」と入力して検索したり、右図のメニューで [特別価格＆無料ブック]をタップしたりして見つけましょう。

5 電子書籍を購入する

書籍をタップすると、この画面になります。[入手] または金額が書かれたボタンをタップします❿。認証のダイアログが開いたら、Apple ID とパスワードまたは指紋か顔で認証します。その後、電子書籍がダウンロードされます。

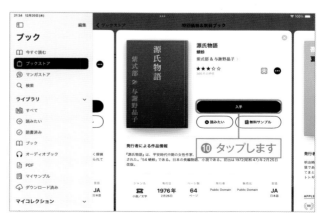

❿ タップします

Chapter 8［Apple Booksを読む］

Apple Booksで読書を楽しむには

Pro **Air** **iPad** **mini**

Apple Booksのブックストアで購入した電子書籍を「ブック」アプリで読んでみましょう。検索など、電子書籍ならではの便利な機能が搭載されています。

基本 ├──●──┼──┼──┤ 応用
趣味 ├──┼──●──┼──┤ 実用

1 購入した書籍を表示する

「ブック」アプリで、[ライブラリ] の下の[すべて]をタップすると、購入したり入手したりした書籍が表示されます❶。表紙をタップすると、この書籍が開きます❷。☁ が付いているのは、このアカウントで購入または入手済みで、このiPadにまだダウンロードされていない書籍です❸。表紙をタップするとダウンロードされ、読めるようになります❹。

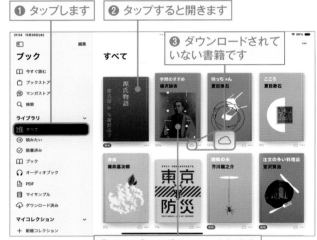

❶ タップします

❷ タップすると開きます

❸ ダウンロードされていない書籍です

❹ タップしてダウンロードします

2 書籍を読む

縦書きの書籍の場合、左端をタップすると次のページへ進みます❺。右端をタップすると前のページへ戻ります❻。アプリの機能を使うには、画面の中ほどをタップしてツールを表示します❼。右下の▤ をタップするとメニューが表示されます❽。

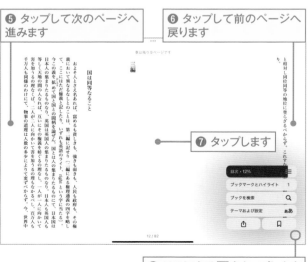

❺ タップして次のページへ進みます

❻ タップして前のページへ戻ります

❼ タップします

❽ ここにある▤ をタップします

3 目次からジャンプする

手順2の右下のメニューで［目次］をタップすると❾、目次が表示されます、タップしてそのページにジャンプできます❿。

❾ 手順2の右下のメニューで［目次］をタップします
❿ タップしてジャンプできます

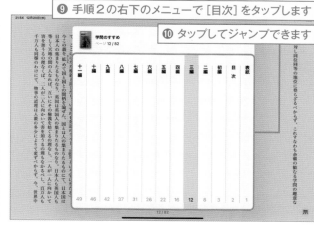

Point 見やすい表示にする

手順2の右下のメニューで［テーマおよび設定］をタップすると、文字の大きさや画面の色合いなどを変えることができます。

4 検索する

手順2の右下のメニューで［ブックを検索］をタップし⓫、語句を入力して本の内容を検索します⓬。検索結果をタップしてそのページにジャンプできます⓭。

⓫ 手順2の右下のメニューで［ブックを検索］をタップします

⓬ 語句を入力して検索します

⓭ タップしてジャンプできます

5 ハイライトやメモを追加する

語句を長く押してから範囲を選択します⓮。メニューが表示され、蛍光ペンのようなハイライトを付けたり、メモを入力したりできます⓯。

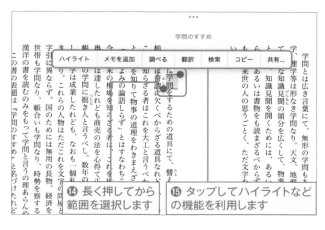

⓮ 長く押してから範囲を選択します

⓯ タップしてハイライトなどの機能を利用します

Point 本を閉じる

この本を閉じるには、画面の中ほどをタップし、右上に［×］が表示されたらタップします。

Chapter 8 ［新聞］

新聞を読むには

Pro | Air | iPad | mini

iPadで新聞を読むこともできます。専用アプリで紙面レイアウトがそのまま表示され、拡大もできて快適に読めます。「Safari」やニュースアプリで新聞記事を読む方法もあります。

基本 ├──┼──●──┼──┤ 応用
趣味 ├──┼──┼──●─┤ 実用

▶ iPadで新聞を読むアプリ

主要新聞社のiPadアプリ対応状況

各新聞社のアプリを使って、紙面の形のまま読むことができます。拡大表示や検索など、紙の新聞にはない使い方も備えていて便利です。各社とも、有料会員、無料会員、会員登録の有無などの状況に応じて、読める記事や利用できるサービスが異なります。

なお読売新聞は、紙面の形で読めるアプリは提供していませんが、Webブラウザで紙面イメージの閲覧ができるサービスを提供しています。料金は新聞購読料のみです。また読売新聞を購読していなくても、「読売新聞オンライン（YOL）」アプリで、紙面レイアウトではありませんが一部の記事を読むことができます。

新聞名	日本経済新聞	毎日新聞	朝日新聞
アプリ名	日本経済新聞 紙面ビューアー	毎日ビューアー	朝日新聞紙面ビューアー
月額：新聞購読との併用	6,500円（税込、朝・夕刊宅配の場合）	新聞購読料のみ	新聞購読料＋1,000円（税込）
月額：デジタル版のみ	4,277円（税込）	毎日新聞デジタルのプレミアムプラン 3,520円（税込）	プレミアムコース3,800円（税込）
無料で利用できる範囲	電子版無料会員に申し込むと、有料会員の一部サービスを利用できる	「毎日新聞ニュース」アプリでは、紙面レイアウトではないが一部の記事を閲覧できる	このアプリを利用できるのは有料会員のみ。「朝日新聞デジタル」アプリでは、紙面レイアウトではないが無料で一部の記事を閲覧できる
アプリの販売元とサイズ	NIKKEI INC.46.7MB	THE MAINICHI NEWSPAPERS12.8MB	The asahi shimbun49.9MB
特徴	「日本経済新聞 電子版」アプリでも一部の記事を無料で読むことができる	毎日新聞デジタルのスタンダードプランは、月額1,078円（税込）。紙面レイアウトではないが、有料記事を無制限で読める	デジタル版の有料記事が月50本まで読め、紙面ビューアーに対応していないベーシックコースは月額980円（税込）

※サービス内容や優待などによって複数の料金プランが用意されていることがあります。また、料金は地域やキャンペーンなどによって変動することがあります。

▶ 新聞記事を読む

1 紙面がそのまま表示される

右図は「毎日ビューアー」アプリです。タップすると紙面レイアウトで読むことができます❶。紙面を開くと検索やスクラップなどの機能も利用できます。

> **Point** スポーツ新聞のアプリもある
>
> サンケイスポーツやデイリースポーツなど、専用アプリを提供しているスポーツ新聞もあります。

❶ タップすると紙面が表示されます

2 「Safari」で読む

専用アプリではなく、Webブラウザの「Safari」で各社のサイトにアクセスして記事を読むこともできます❷。専用アプリと「Safari」では、読める記事や利用できるサービスが異なることがあります。

❷ 「Safari」で新聞の記事を読むこともできます

3 さまざまなニュースを集めたアプリ

スマートニュースやグノシー、Googleニュース、Microsoft Startなど、さまざまな情報源のニュースをまとめて読めるアプリもあります。右図は「Microsoft Start」アプリです❸。

❸ さまざまな情報源のニュースを集めたアプリです

 Microsoft Start

価 無料　販 Microsoft Corporation
Size 192MB

Chapter 8 ［雑誌］

雑誌を読むには

| Pro | Air | iPad | mini |

iPadで読める雑誌もたくさんあります。1誌ごとの専用アプリになっているものと、1つのアプリで多くの雑誌の購入や閲覧ができるものがあります。

基本 ├─┼─┼─●─┤ 応用
趣味 ├─●─┼─┼─┤ 実用

▶ 1誌ごとの専用アプリで読む

1 専用アプリを起動する

専用アプリを提供している雑誌があります。ほとんどの場合、アプリは無料で、そのアプリから有料でコンテンツを購入します。本書では「栄養と料理」アプリを例にとって紹介します。このアプリを起動し、「最新刊」をタップします❶。下に少しスクロールすると「試し読み」が表示されるので、タップして購入前に一部のページを試し読みできます❷。全ページを購入して読むには「購読する」をタップします❸。

 栄養と料理

価 無料 販 Digital Directors Inc.
Size 56.9MB

❶ タップします

❷ 試し読みしたい場合にタップします

❸ タップします

2 購読する

最新号だけを購読するなら「1ヶ月」をタップします❹。今後定期購読するなら「6ヶ月」か「1年」をタップします❺。この後、画面に従って認証します。購読したコンテンツは「本棚」をタップすると表示されます❻。

Point バックナンバーを購入する

手順1の図で❶の囲みの右にある「栄養と料理」をタップすると、バックナンバーを1号ずつ購入できます。

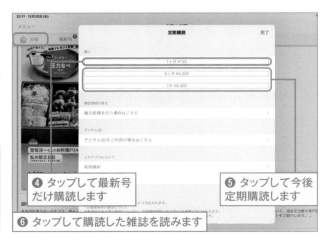

❹ タップして最新号だけ購読します

❺ タップして今後定期購読します

❻ タップして購読した雑誌を読みます

▶ 雑誌アプリで読む

1 定額制読み放題サービスを利用する

「dマガジン」や「楽天マガジン」など、雑誌の定額制読み放題サービスもあります。右図は「楽天マガジン」アプリで、会員登録前に試し読みできます❶。

📖 **楽天マガジン - 電子書籍アプリで1200誌以上の雑誌が読み放題**
価 無料　販 Rakuten Group, Inc.
Size 61.3MB

❶ 「楽天マガジン」です

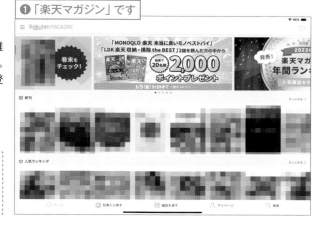

2 Kindleの雑誌を読む

AmazonのKindleは、書籍だけでなく雑誌も多数取り扱っています。書籍と同じように、「Safari」で購入し、「Kindle」アプリで読みます❷。「Kindle Unlimited」という有料サービスで、対象の書籍や雑誌を読み放題で楽しむこともできます。「Safari」でAmazonのサイトにアクセスして手続きし、「Kindle」アプリで読みます。

❷ 「Safari」でAmazonのサイトにアクセスし、Kindle版の雑誌を購入できます

3 マンガを読む

マンガを読めるアプリもたくさんあります。定期購読方式で支払うものや、連載の一部のみ無料、期間によって無料など、費用もさまざまです。右図は「Dモーニング」アプリです❸。

D **Dモーニング（漫画雑誌アプリ）**
価 無料　販 Excite Japan Co.,Ltd.
Size 41.4MB

❸ 「Dモーニング」です

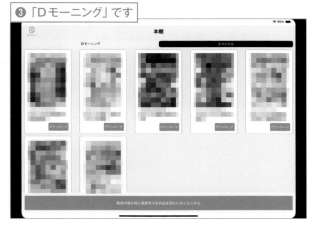

Chapter 8［ラジオ］

ラジオを聴くには

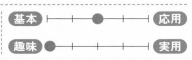

ラジオ番組をリアルタイムで、あるいは自分の好きな時間にインターネット経由で聴けるアプリがあります。

基本 ├──┼──●──┼──┤ 応用
趣味 ●──┼──┼──┼──┤ 実用

▶ 各局の番組を聴く

1 現在の地域のラジオ局を聴く

「radiko」アプリを起動した時に位置情報の利用を許可します❶。現在地の地域のラジオ番組は、無料で聴取できます。ほかの地域の番組を聴くには、有料のプレミアム会員登録が必要です。

📻 radiko

価 無料 販 radiko Co.,Ltd.
Size 66.9MB

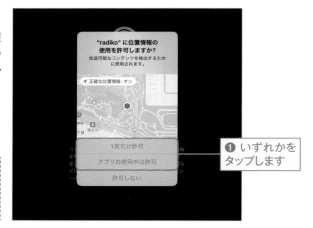

❶ いずれかをタップします

2 現在放送中の番組を聴く

このアプリはiPadに最適化されていないため、iPhoneのサイズで表示されます。■をタップすると、拡大表示されます❷。どちらのサイズの表示で使っても差し支えありません。［ホーム］をタップし❸、番組の部分を左右にスワイプすると❹、現在ラジオの電波で放送中の各局の番組が表示されます。［再生する］をタップすると再生が始まります❺。

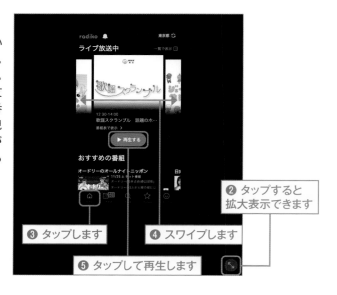

❷ タップすると拡大表示できます

❸ タップします

❹ スワイプします

❺ タップして再生します

3 聴き逃した番組を探す

[番組表]をタップします❻。日付をタップするとメニューが表示されるので、聴きたい番組が放送された日付をタップして選択します❼。放送局の部分を左右にスワイプしてスクロールし、目的の放送局をタップして選択します❽。番組をタップすると再生されます❾。このアプリでは原則として1週間分の番組を聴けます。ただし、聴けない番組もあります。

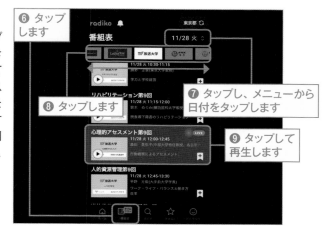

► NHKのラジオ番組を聴く

1 放送中の番組を聴く

前述のradikoでもNHKラジオ第1とNHK FMが配信されていますが、NHKラジオ専用のアプリもあります。アプリを起動して[ホーム]をタップし❶、[ライブ中]のいずれかをタップすると、現在ラジオの電波で放送中の番組を聴くことができます❷。

> **NHK ラジオ らじるらじる**
> **ラジオ配信アプリ**
> 価 無料　販 NHK（Japan Broadcasting Corp.）
> Size 33.4MB

2 ほかの地域や 聴き逃した番組を聴く

[番組表]をタップします❸。🔧をタップすると、地域を選択できます❹。日付をタップして選択します❺。再生アイコンが付いている番組をタップすると再生されます❻。

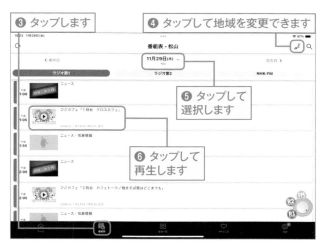

Chapter 8［場所の検索］

マップで場所を
検索するには

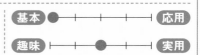

iPadに標準で入っている「マップ」アプリで、現在地や目的地を調べたり、特定の場所をほかの人に伝えたりすることができます。

基本 ●—┼—┼—┼—┼ 応用
趣味 ┼—┼—●—┼—┼ 実用

▶ マップの基本操作を知る

1 現在地を表示する

［マップ］をタップして起動します❶。🧭をタップすると❷、現在地が測位され、地図上に円で表示されます❸。アイコンは🧭に変わります。左側の情報は、上部をタップすると小さくなります❹。

❶「マップ」を
起動します

❷ タップすると

❸ 現在地が表示されます

❹ タップすると
小さくなります

2 向いている方向に地図を合わせる

🧭をタップすると❺、向いている方向に合わせて地図が回転します❻。2本指を画面にあてて回転することで、地図の向きを変えることもできます。◉をタップすると、北を上にした状態に戻ります❼。1本の指でドラッグすると表示範囲を移動できます。2本の指でピンチすると地図の拡大／縮小ができます。

 Point Wi-Fiモデルは
GPS内蔵ではない

Wi-Fi＋CellularモデルにはGPSが内蔵されています。Wi-FiモデルにはGPSがなく、Wi-FiネットワークやBluetoothで現在地を測位します。

❺ タップすると

❻ 自分の向いている方向に
合わせて地図が回転します

❼ タップすると
北が上に戻ります

▶ 目的地を探す

1 住所や施設名で検索する

住所や店の名前、施設名などで探すには、検索フィールドに入力し、キーボードの⏎をタップします❶。すると、地図上に表示されます❷。

❶ 検索します

❷ 場所が表示されます

Point 業種などで検索

検索フィールドに業種（たとえば「コンビニ」など）を入力すると、地図に表示されている場所の近辺で検索されます。

▶ 場所を伝える

1 伝えたい場所を送信する

「マップ」アプリから場所を知らせることができます。伝えたい場所を長く押します❶。メニューが表示されたら［場所を送信］（現在地を長く押した場合は［自分の現在地を送信］）をタップします❷。次の画面で［メッセージ］や［メール］など送信する方法をタップし、画面の指示に従います。

❶ 長く押します

❷ タップします

2 「メール」で受信する

メッセージやメールで受信した側の表示はデバイスやOSによって異なります。iPadの「メール」アプリで受信した場合は地図が表示されます❸。［"マップ"で表示］をタップすると「マップ」アプリに切り替わって場所が表示されます❹。

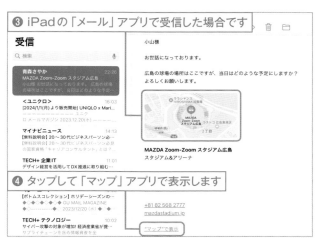

❸ iPadの「メール」アプリで受信した場合です

❹ タップして「マップ」アプリで表示します

Chapter 8 ［経路検索］

目的の場所までの経路を知るには

Pro Air iPad mini

「マップ」アプリでは場所だけでなく、出発地から到着地までの経路を調べることもできます。

基本 ─●─┼─┼─┼─ 応用

趣味 ─┼─┼─●─┼─ 実用

---

1 目的地を検索する

前ページで解説した操作で目的地を検索します❶。所要時間が書かれているところをタップします❷。

❶ 目的地を検索します

❷ タップします

---

2 経路が検索される

現在地を今すぐ出発した場合の経路が検索されます。移動手段をタップして選択します❸。［経路をプレビュー］をタップすると、経路が詳しく表示されます❹。［出発］をタップすると、経路がカーナビのように案内されます❺。

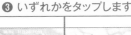

❸ いずれかをタップします

Point 複数の経路から選ぶ

この図のように複数の経路がある場合は、左側のリストで経路をタップすると、地図上にその経路が表示されます。

❹ タップして詳しい経路を表示します

❺ タップすると詳しい案内が始まります

---

3 現在地以外から出発する

現在地以外の場所からの経路を調べるには、[現在地]をタップします。次の画面で出発地を入力し⑦、タップして選択します⑧。これで手順2の画面に戻り、経路が検索されます。

Point 他社製のアプリ

「Google マップ」や「Yahoo! マップ」などのアプリをApp Storeから入手できます。また「乗換案内」や「Yahoo! 乗換案内」など、交通機関の経路検索に特化したアプリもあります。

4 日時を指定して検索する

時刻を指定するには、手順2の画面で[今すぐ出発]をタップします⑨。[出発時刻]か[到着時刻]のどちらかをタップします⑩。カレンダーをタップして日付を選択します⑪。時刻をタップしてから⑫、上下にスワイプして設定します⑬。[適用]をタップすると指定した条件で検索されます⑭。

Point 時刻を1分刻みで設定する

時刻を上下にスワイプすると5分刻みの設定ですが、⑬で示した部分をタップすると電卓のようなテンキーが表示され、1分刻みで設定できます。

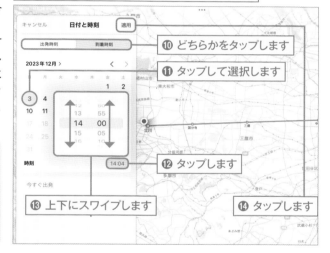

Point 地図の種類を変更する

右上のアイコンをタップします❶。地図の種類をタップし❷、⊠をタップして変更できます❸。地図を大幅に縮小すると、地球儀のような表示になります。[航空写真]の地球儀では、昼と夜もリアルタイムでわかります。

Chapter 8［オフラインマップ］

地図をダウンロードして使うには

Pro Air iPad mini

Wi-Fiモデルは出先で使えるWi-Fiがないと、「マップ」アプリで地図データを受信できません。そのような場合に、事前に地図データをiPadに保存できます。

基本 ├──┼──┼──┼──● 応用

趣味 ├──┼──┼──┼──● 実用

1 地図のダウンロードを始める

出かける前などに地図をダウンロードしておきます。「マップ」アプリで、ダウンロードしたい大まかな範囲を表示し、長く押します❶。［ダウンロード］をタップします❷。

❶ 長く押します

❷ タップします

2 範囲を決めてダウンロードする

1本の指先で表示範囲を動かしたり、2本指で拡大／縮小したりして、ダウンロードしたい範囲を決めます❸。［ダウンロード］をタップします❹。これでダウンロードが始まります。

❸ ダウンロードしたい範囲を決めます

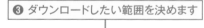

❹ タップします

3 インターネットに接続していなくても表示される

出先などでインターネットに接続していない時に「マップ」アプリを使おうとすると、地図データを受信できません。地図がまったく表示されないか、「マップ」アプリを以前に使った時のデータがiPadに残っていて粗く表示されます。しかし、前もってダウンロードしていた範囲は囲みで示され、この範囲は表示できます❺。

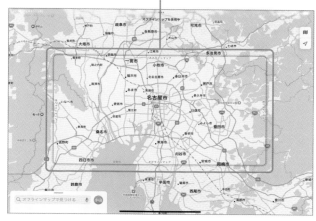

❺ この範囲は表示できます

4 ダウンロードした地図を管理する

ダウンロードした地図を管理するには、自分のアイコンか名前の部分をタップします❻。次の画面で [オフラインマップ] をタップします❼。

❻ タップします

❼ 次の画面で [オフラインマップ] をタップします

5 地図の削除や変更をする

iPadの保存容量が足りない時などはダウンロードした地図を削除できます。地名の部分を左にスワイプし❽、右端に [削除] が表示されたらタップします❾。地名の部分をタップし、次の画面で [サイズ変更] をタップすると、保存しておく地図の範囲を変更できます❿。

❽ スワイプします

❾ [削除] が表示されたらタップします

❿ タップし、次の画面で [サイズ変更] をタップして範囲を変更します

Point 地図データの自動アップデート

この画面で [自動アップデート] がオンになっていると、すでにダウンロードされている地図について、自動で最新のデータにアップデートされます。

iPadで生活を豊かにする

Chapter 8 ［FaceTime］

FaceTimeで音声／ビデオ通話をするには

標準で付属している「FaceTime」（フェイスタイム）アプリを使って、音声／ビデオ通話ができます。Apple製デバイス間だけでなく、他社製デバイスと通話する方法もあります。

基本 ├──┼──●──┼──┤ 応用
趣味 ├──┼──●──┼──┤ 実用

▶ Apple IDを設定する

1 サインインする

FaceTimeを利用するには、まずアカウントを設定します。「設定」を起動し、[Face Time]をタップします❶。[FaceTime]がオンになっていれば、すでにサインインしています❷。サインインしていなければ、必要に応じてApple IDとパスワードを入力し、サインインします。相手があなたとFaceTimeで話したい時は、Apple IDのメールアドレス宛に発信します。

❶ タップします　❷ オンになっていれば使える状態です

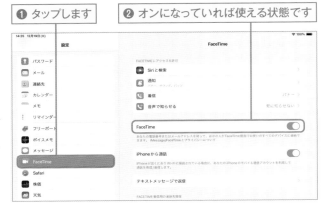

▶ 通話をする

1 発信する

ホーム画面の[FaceTime]をタップして起動します。上部にある[新規Face Time]をタップします❶。⊕をタップして「連絡先」アプリから相手を選ぶか❷、相手がFaceTimeで使用しているメールアドレスまたは電話番号を入力します❸。📹または[FaceTime]をタップして発信します❹。iOS 12.1.4以降などの条件を満たせば最大32人で通話できます。デバイスによっては音声のみの参加になります。

❶ ここにある[新規FaceTime]をタップします

❷ タップして連絡先から選ぶか

❸ タップしてメールアドレスか電話番号を入力します

❹ タップして発信します

② 着信を受ける

iPadがロックされている時に通話の着信を受けたら、[スライドで応答]を左から右へスワイプして応答します⑤。iPadを使用している時に着信した場合は通知に表示される■か■をタップします。ビデオ通話の場合は「FaceTime」アプリに切り替わるので、[参加]をタップして応答します。

⑤ スワイプして応答します

③ ビデオ通話をする

このようにビデオ通話ができます。参加者を追加したい時は、現在の通話相手をタップし⑥、[参加者を追加]が表示されたらタップします。通話を終了するには■をタップします⑦。

 Point ポートレートモードを使う

一部のモデルでは、自分の背景をぼかすポートレートモードを利用できます。FaceTime使用中にコントロールセンターを開いて、[エフェクト]からオン／オフを設定します。

⑥ タップして、[参加者を追加]が表示されたらタップします

⑦ タップして通話を終了します

▶ メールなどで招待して通話する

① リンクを作成して招待する

リアルタイムで呼び出すのではなく、前もって連絡しておくこともできます。「FaceTime」を起動した画面で[リンクを作成]をタップします①。連絡する方法をタップします。たとえば[メール]をタップし②、通話をしたい日時などを本文に書いてメールを送信します③。

ここまでの操作で①の下に[FaceTimeリンク]が作成されるので、予定の日時になったらタップして通話を開始します。この方法を使うと、相手がApple製以外のデバイスでもブラウザで参加できます。

① タップします

② タップします

③ この後、メールを送信します

Chapter 8 ［Zoom］

Zoomで会話をするには

| Pro | Air | iPad | mini |

新型コロナウイルス感染拡大をきっかけに、仕事でもプライベートでもビデオ会議サービスが多用されるようになりました。特に広く使われているサービスがZoom（ズーム）です。

基本 ├─┼─┼─●─┤ 応用
趣味 ├─┼─●─┼─┤ 実用

1 Zoomのアプリをインストールする

Zoomのミーティングは、ホスト（主催者）が準備をして参加者を招待します。本書では参加者の手順を解説します。参加する前にApp Storeから「Zoom - One Platform to Connect」アプリをインストールしておきます。

❶ 事前にアプリをインストールします

Zoom
- One Platform to Connect
価 無料　販 Zoom Video Communications, Inc.
Sim 200.8MB

2 招待のメールからアクセスする

ホストから招待のメールが送られてきます。開催日時になったら、メールに書かれているURLをタップします。

Point ミーティングIDとパスコードを受け取った場合

URLではなくミーティングIDとパスコードを受け取った場合は、ホーム画面でZoomのアプリをタップして起動します。最初に表示される画面で［ミーティングに参加］をタップし、ミーティングIDとパスコードを入力して参加します。

❷ タップします

3 Zoomのアプリで 参加を開始する

Zoomのアプリに切り替わります。初めて
このアプリを使う時は、名前を入力して
❸、[続行]をタップします❹。この後、カ
メラやマイクへのアクセスを求められた
時は[OK]をタップして許可します。

❸ 入力します

名前を入力してください

小山香織

キャンセル　　　続行

❹ タップします

4 ミーティングをする

ミーティングが始まります。ミーティン
グ中に画面をタップするとツールが表示
されます。[ミュート]や[ビデオの停止]
をタップして自分の音声やビデオの送信
を一時的に止めることができます❺。ミー
ティングが終わったら[退出]をタップし
ます❻。

❺ タップして自分の音声や
ビデオを停止します

❻ タップして
終了します

Point Zoomのアカウントと利用料金

ホストは、Zoomのアカウントを作成す
る必要があります。ホストにはさまざまな
料金プランがありますが、基本的な機能は
無料で利用できます。招待される参加者は
無料で、Zoomのアカウントを作成する
必要もありません。この手軽さが、Zoom
が広く使われている理由のひとつです。

5 ミーティング中に 設定を変える

[参加者]をタップすると、参加者の一覧
が表示されます❼。自分の名前をタップ
するとメニューから名前を変更できます
❽。[詳細]をタップし、メニューが表示さ
れたら[背景とエフェクト]をタップする
と、背景をぼかしたり「写真」アプリに保
存されている写真にしたりすることがで
きます❾。

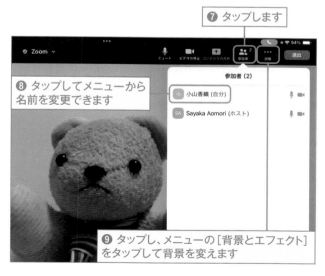

❼ タップします

参加者 (2)

❽ タップしてメニューから
名前を変更できます

小 小山香織 (自分)

SA Sayaka Aomori (ホスト)

❾ タップし、メニューの[背景とエフェクト]
をタップして背景を変えます

Chapter 8 ［LINE］

LINEでやりとりするには

LINE（ライン）は、トーク機能で連絡を取り合うなど、多くの人の間で使われています。「LINE」アプリで音声通話やビデオ通話をすることもできます。

基本 ├──┼──┼──●──┤ 応用

趣味 ●──┼──┼──┼──┤ 実用

▶ アカウントを新規作成する

1 新規登録を始める

「LINE」アプリをインストールして起動します。LINEを初めて使う場合は［アカウントを新規登録、または……］をタップします❶。次の画面で［新規登録］をタップします。

 LINE

価 無料　販 LINE Corporation
Size 314.4MB

❶ タップします

アカウントを新規登録、または他の端末で利用していたアカウントを引き継ぐ

2 本人確認をする

タップして国を選択します❷。SNSまたは通話を受けられる電話番号を入力し❸、●をタップします❹。この後、この電話番号宛に認証番号が届くので、その番号を入力してLINEの使用を始めます。

❷ タップして選択します

❸ 入力します

❹ タップします

▶ スマートフォンで使っているアカウントでログインする

1 スマートフォンを使ってログインする

スマートフォンの生体認証（指紋や顔）で、iPadの「LINE」アプリのログインができます。前ページ手順1の画面で国を選択し、LINEを使っているスマートフォンの電話番号を入力してから❶、[スマートフォンを使ってログイン]をタップします❷。この後、画面の指示に従ってiPadとスマートフォンを操作し、ログインします。

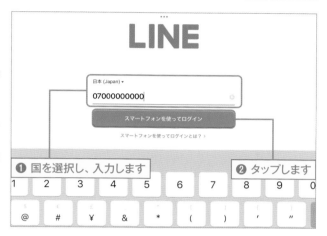

❶ 国を選択し、入力します

❷ タップします

2 QRコードを使う

QRコードを使う方法もあります。前ページ手順1の画面で[その他のログイン方法]をタップすると❸、QRコードが表示されます❹。

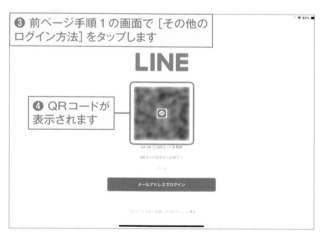

❸ 前ページ手順1の画面で[その他のログイン方法]をタップします

❹ QRコードが表示されます

Point メールアドレスでログインする

この画面で[メールアドレスでログイン]をタップして、LINEに登録してあるメールアドレスとパスワードでログインすることもできます。

3 スマートフォンの「LINE」を操作する

スマートフォンの「LINE」アプリで[ホーム]をタップし❺、👤をタップします❻。次の画面で[QRコード]をタップします❼。

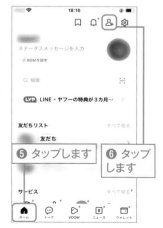

❺ タップします

❻ タップします

❼ タップします

4 ## スマートフォンで読み取る

スマートフォンのカメラで、iPadに表示されているQRコードを読み取ります❽。認識されたら［ログイン］をタップします❾。この後、本人確認のコードがiPadに表示された場合は、そのコードをスマートフォンに入力します。これでiPadがLINEにログインします。

> **Point** 機種変更時には
> 引き継ぎの確認を
>
> 機種変更など、これまでLINEを使っていたデバイスが手元からなくなる際にはアカウントの引き継ぎが必要となる場合があります。LINEのWebサイトなどで条件や方法を確認してください。

❽ 読み取ります

❾ タップします

► トークをする

1 ### トークを始める

LINEでメッセージやスタンプをやり取りして連絡を取り合う機能が「トーク」です。［トーク］をタップします❶。🗨をタップし❷、［トーク］をタップします❸。

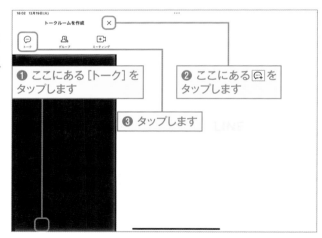

❶ ここにある［トーク］を
タップします

❷ ここにある🗨を
タップします

❸ タップします

2 ### トークの相手を選択する

LINEに保存されている友だちのリストが表示されるので、送信相手をタップして選択し❹、［次へ］をタップします❺。

❹ タップして
選択します

❺ タップ
します

③ メッセージを送信する

フィールドをタップしてからメッセージ
を入力し❻、▷ をタップして送信します
❼。スタンプを送信したい時は ☺ をタッ
プします❽。相手から返信があると、この
画面に吹き出しで表示されます。

❻ タップしてから
入力します

❼ タップします

❽ タップしてスタンプを
選びます

▶ 通話をする

① 友だちのリストを表示する

LINEにも通話の機能があり、ビデオ通話
をすることもできます。LINEに保存さ
れている友だちに通話を発信するには、
[ホーム] をタップし❶、発信する相手を
タップします❷。

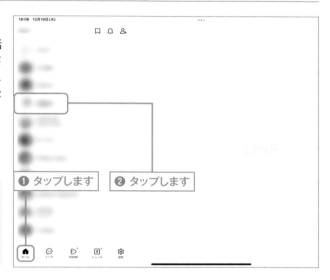

❶ タップします

❷ タップします

Point トークの画面から発信する

上の手順３の画面で、右上にある ☎ をタッ
プして、音声通話やビデオ通話を発信する
こともできます。

② 発信する

[音声通話] か [ビデオ通話] のいずれかを
タップします❸。確認のメッセージが表示
されたら [開始] をタップします❹。マイ
クやカメラの使用を求められたら、許可
します。相手が応答すると、通話が始まり
ます。

Point ビデオ通話を受ける

ほかの人からの着信を受けたらチェック
マークをタップするか、[スライドで応答]
をスワイプします。マイクとカメラの使用
を求められた場合は許可します。これでビ
デオ通話をすることができます。

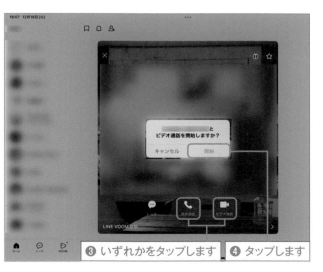

❸ いずれかをタップします

❹ タップします

Point SNSを使うには

自分の投稿をほかの人たちに見てもらったり、ほかの人の投稿を見て情報収集をしたり、コメントやメッセージをやりとりして交流したりするサービスを総称してSNSといいます。広く使われているSNSをいくつか紹介します。

X（旧Twitter）

短文を投稿したり、ほかの人をフォローして投稿を読んだりするSNSです。アプリを起動し、ログインして使います。

価 無料　販 X Corp.
容 228.2MB

Facebook

友人、知人とFacebook上の「友達」としてつながり、投稿やコメントをやりとりするサービスで、実名で利用します。これもアプリを起動し、ログインして使います。

価 無料　販 Meta Platforms, Inc.
容 313.1MB

Messenger

Facebookのメッセージ機能は「Messenger」という別のアプリで使用します。

価 無料　販 Meta Platforms, Inc.
容 129.6MB

Instagram

写真や動画の投稿や閲覧と交流ができるサービスです。「Instagram」アプリはiPadに最適化されていません。そのため、アプリを起動するとiPhoneの画面サイズで表示されます。このまま使うか、右下の■をタップしてこの画面を拡大表示することはできます。または「Instagram」アプリではなく、「Safari」でhttps://www.instagram.comにアクセスし、ログインして使います。

価 無料　販 Instagram, Inc.
容 256.8MB

複数のアプリを
効率良く使うには

Slide OverやSplit Viewで複数のアプリを表示して使う方法は26
～31ページで解説しましたが、一部のモデルでは「ステージマネージャ」
を使うと複数のアプリの表示や切り替えがさらに便利になります。

基本 |—+—+—+—+—●—| 応用

趣味 |—+—+—+—●—+—| 実用

1 ステージマネージャを
オンにする

あらかじめコントロールセンターに［ス
テージマネージャ］を追加しておきます
（128ページ参照）。そして使いたい時に
コントロールセンターから［ステージマ
ネージャ］をタップします❶。

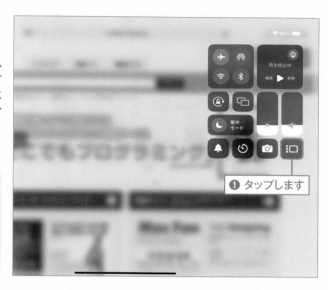

❶ タップします

> **Point 利用できるモデル**
>
> ステージマネージャは、iPad Air（第5
> 世代）、12.9インチiPad Pro（第3世代
> 以降）、11インチiPad Pro（全世代）で
> 利用できます。

2 アプリを切り替える

使用中のアプリ（右図では「Safari」）が中
央に大きく表示されます❷。最近使った
アプリが左側に小さく表示され、タップす
ると「Safari」と入れ替わって中央に大き
く表示されます❸。その際に「Safari」は
左側へ移動します❹。

❷ 使用中のアプリです

❸ タップすると中央に
大きく表示されます

❹ 入れ替わって移動します

3 別のアプリを使う

左側にあるもの以外のアプリを使いたい時は、Dockにアイコンがあればタップします❺。ない場合は、アプリスイッチャーかホーム画面を表示して（25ページ参照）、目的のアプリのアイコンをタップします。

❺ タップしてアプリを切り替えます

4 ウインドウのサイズを変えたり移動したりする

右下にある▱をドラッグするとウインドウの大きさを変えられます❻。ウインドウ上部をドラッグすると移動できます❼。

❻ ドラッグしてウインドウの大きさを変えます

❼ ドラッグして移動します

5 複数のアプリを大きく表示して使う

「Safari」で調べ物をしながら「メモ」で文章を書きたいとします。「Safari」で［…］をタップし❽、［別のウインドウを追加］をタップします❾。

❽ タップします

❾ タップします

6 2つめのアプリを選ぶ

アプリスイッチャーの画面になります。アプリスイッチャーかDockで「メモ」アプリをタップします⑩。目的のアプリがどちらにもない場合は、ホーム画面を表示してアイコンをタップします。

⑩ いずれかをタップします

7 2つのアプリを切り替えながら使う

「メモ」と「Safari」が中央に大きく表示された状態になりました⑪。使いたい方のウインドウをタップして手前に表示します⑫。このように、2つのアプリを大きく表示したまま、タップするだけで切り替えながら使えます。

Point Dockのアイコンから2つめのアプリを表示する

手順5～6の操作の代わりに、Dockにあるアイコンを長く押してから画面の中央にドラッグして、2つめのアプリを表示することもできます。

⑪ 「メモ」と「Safari」です

⑫ タップすると手前に表示されます

8 アプリを追加したり閉じたりする

手前にあるアプリの［…］をタップし⑬、［別のウインドウを追加］をタップすると、アプリをもう1つ大きく表示できます⑭。［閉じる］をタップすると、このウインドウが閉じます⑮。

Point 最近使ったアプリなどを非表示にする

249ページ手順1の❶で示した部分を長く押すと、画面左部の最近使ったアプリや画面下部のDockの表示／非表示を切り替えられます。

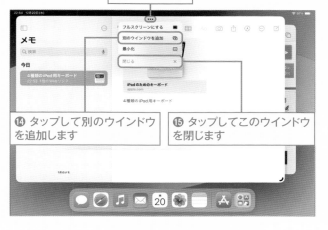

⑬ タップします

⑭ タップして別のウインドウを追加します

⑮ タップしてこのウインドウを閉じます

素材のダウンロード方法

本書で使用する筆文字・ぬりえ・なぞり書きのダウンロード方法を紹介します。
下記のURLを入力またはQRコードでダウンロードサイトにアクセスしてください。
※筆文字は、次ページを撮影して使用することもできます。

ダウンロードできるデータ

●書道のお手本

●なぞり描き用のお手本

●ぬりえ

線画

お手本

ダウンロードのやり方

1 URLにアクセス

https://book.mynavi.jp/
supportsite/detail/978483
9985196.html

❶ URLを入力

❷ ダウンロード
したいものをタップ

2 画像の保存

❸ 画面を長押し

❹ ["写真"に保存]
をタップ

3 「写真」アプリに保存された

写真

❺ [写真]をタップ

❻ 「写真」アプリ内に
保存された

蒼雲天外

小山香織 KOYAMA Kaori

ライター、インタビュアー、翻訳者、トレーナー。Apple 製品やビジネス系アプリケーションなどに関する著書多数。雑誌や「マイナビニュース」などの Web 媒体にも寄稿。

●お問い合わせについて

本書の内容に関する質問は、下記の問い合わせフォームまで、書名を明記のうえお送りください。
電話によるご質問にはお答えできません。また、本書の内容以外についてのご質問についてもお答えできませんので、あらかじめご了承ください。なお、質問への回答期限は本書発行日より 2 年間とさせていただきます。

・問い合わせフォーム
https://book.mynavi.jp/inquiry_list/

iPad マスターブック 2024-2025 iPadOS 17 対応

2024年2月26日　初版第1刷発行

●著者	小山香織
●発行者	角竹輝紀
●発行所	株式会社 マイナビ出版
	〒101-0003　東京都千代田区一ツ橋2-6-3 一ツ橋ビル2F
	TEL0480-38-6872（注文専門ダイヤル）
	TEL03-3556-2731（販売部）
	TEL03-3556-2736（編集部）
	URL：https://book.mynavi.jp
●装丁・本文デザイン	米谷テツヤ（PASS）、白根美和（PASS）
●筆文字制作協力	東村山市シルバー人材センター
●筆文字制作	三代川正美
●DTP	富宗治
●印刷・製本	シナノ印刷 株式会社

©2024 小山香織, Printed in Japan
ISBN978-4-8399-8519-6